U0382217

理解中国道路丛书

总主编　赵剑英

中国的生态文明建设之路

杨开忠　主编

中国社会科学出版社

图书在版编目(CIP)数据

中国的生态文明建设之路/杨开忠主编.—北京:中国社会科学出版社,2022.8
(理解中国道路丛书)
ISBN 978-7-5227-0542-2

Ⅰ.①中… Ⅱ.①杨… Ⅲ.①生态环境建设—研究—中国 Ⅳ.①X321.2

中国版本图书馆CIP数据核字(2022)第129411号

出 版 人 赵剑英
项目统筹 王 茵 张 潜
责任编辑 黄 晗
责任校对 王 龙
责任印制 王 超

出 版 中国社会科学出版社
社 址 北京鼓楼西大街甲158号
邮 编 100720
网 址 http://www.csspw.cn
发 行 部 010-84083685
门 市 部 010-84029450
经 销 新华书店及其他书店

印刷装订 北京君升印刷有限公司
版 次 2022年8月第1版
印 次 2022年8月第1次印刷

开 本 650×960 1/16
印 张 10.5
字 数 97千字
定 价 48.00元

凡购买中国社会科学出版社图书,如有质量问题请与本社营销中心联系调换
电话:010-84083683

总　序

当今世界进入新的动荡变革期，百年变局和世纪疫情叠加，逆全球化趋势加剧，单边主义愈演愈烈，全球经济复苏脆弱乏力，世界之变、时代之变、历史之变的特征愈加明显。一些西方国家反华势力刻意歪曲事实，“污名化”“妖魔化”中国道路，试图抹黑中国、孤立中国、遏制中国，但以习近平同志为核心的党中央团结带领全党全国各族人民，采取一系列战略性举措，推进一系列变革性实践，实现一系列突破性进展，取得一系列标志性成果。党和国家事业取得历史性成就、发生历史性变革，成功推进和拓展了中国式现代化，创造了人类文明新形态。西方敌对势力的遏制、打压，阻碍不了新时代中国特色社会主义的健康发展，中国特色社会主义道路越走越宽广，中国制度日益显示出独特优势和强大生命力，中国特色社会主义道路的世界意义、示范意义进一步彰显。

中国从落后弱小、饱受欺凌到站起来、富起来、强起来，一步步达到今天的历史成就，中华民族的发展道路堪称苦难辉煌。然而迄今为止，只有我们中国人自己方能知晓近代以来中华民族振兴过程中筚路蓝缕、以启山林的艰辛，以及今日以更加进取、自信、成熟的姿态大步走向世界舞台中央的不易。不能忽视的是，从中国到世界，从世界到中国，依然有着不小的物理和心理距离。至少，世界对中国成就和道路的认知，尚笼罩在碎片化的“晕轮效应”之中；在解读中国道路、中国成就、中国奇迹的众多声音中，我们自己的声音往往成为被淹没的那一个；大量充满偏见、谬见乃至敌意的观念大行其道。在日趋复杂的历史潮流中，为世界人民阐释中国道路对于开创人类文明形态的原创性贡献，讲好中国道路的故事，乃当今中国学者应当承担的重要使命。

为此，中国社会科学出版社组织国内一流专家学者编写了“理解中国道路”丛书，该丛书包含中文、英文双语版本，图文并茂，力求化学术话语为大众话语，从全过程人民民主、共同富裕、对外开放、文明之路、生态建设、人权发展、大国外交等方面，向海内外读者系统展现中国道路的基本面貌、历史逻辑、辉煌成就。丛书有助于增进海外读者特别是西方人士对当代中国的了解，让世界民众认识到，西方现代化模式并非人类历史进化的唯一途径，中国式现代化道路创造了人类文明新形态。

谢伏瞻

2022 年 8 月

目　录

一　生态文明：人类文明新形态

中国在总结中华文明和民族智慧的同时，对近300年来工业文明发展所导致的环境问题进行深刻反思，在人类文明转型的重要历史关头倡导生态文明建设。中国的生态文明建设是建立在人类认识自然、尊重自然、保护自然的基础上，表明了中国在实现可持续发展中的探索与实践。

（一）生态文明兴起的动因

中国倡导的生态文明是对中国源远流长历史文明智慧的总结，是对工业文明所带来的生态问题的反思，也是对自身以传统工业文明模式实现经济高速增长后的再认识。

1. 工业文明的生态问题

工业文明在带来物质繁荣的同时，也对资源环境和生态系统造成巨大的冲击和破坏。由于工业文明强调和崇尚征服自然，通过对各种不可再生矿产资源、化石能源的开发，最大限度地生产出物质财富。工业文明的发展将资源能源的消耗量推到了地球所能承受的极限，其结果就是生态环境破坏呈现全球性、区域性、系统性、全领域等特征。早在20世纪中叶，在世界范围内就发生了八起严重的环境污染事件，被称为八大公害事件，八大公害事件因现代化学、冶炼、汽车等工业的兴起和发展所导致。由于工业“三废”排放量不断增加，环境污染和破坏事件频频发生。

20世纪下半叶以来，工业文明造成的资源生态环境危机在全球蔓延。占据产业链上游的国家通过产业转移的方式，把高污染、高排放产业转移到其他国家，客观上缓解了自身的生态危机等环境问题，环境质量得到改善；而被转移的国家，尤其是发展中国家由于自身发展需要和资本的驱使，不得不承受环境污染破坏的代价。与此同时，尽管现代科学技术特别是生态环保技术有了历史性的进步，但在污染治理模式上采取了“梯级传递”“环境治理产业化”的典型模式。所谓“梯级传递”，就是工业文明在全球化大背景下，资本推动排放和污染随着产业转移到劳动力和资源禀赋价格较低的国家和地区，总体呈现传统污染产业经历了由城市到乡村、由近郊到远郊，由西方到东方、由北方到南方的大转移。而所谓的“环境治理产业化”就是工业化国家过度依赖科学技术和经济力量，盲目建设庞大的环保产业，以一种设备解决另一种设备造成的环境污染，从而造成了更大的资源消耗和环境污染，无法标本兼治，反而加剧了人与自然的矛盾。

2. 中国对传统工业文明的再思考

绵延5000多年的中华文明孕育着丰富的生态文化，蕴含着中华民族尊重自然、热爱自然的治理理念。党和政府始终高度重视生态环境保护和生态文明建设。早在1949年新中国成立初期，以毛泽东为代表的新中国缔造者们就开启了彪炳史册的淮河、长江、黄河、海河等水利系统性工程治理。毛泽东发出了“绿化祖国”的号召，提出要使祖国“到处都很美丽”。1972年6月，中国政府就派出代表团参加了联合国召开的在人类发展史上具有里程碑意义的人类环境会议；1973年第一次全国环境保护会议提出“全面规划、合理布局，综合利用、化害为利，依靠群众、大家动手，保护环境、造福人民”的方针；党的十六大确立了以科学发展观为导向，建设资源节约型环境友好型社会的目标；党的十八大将生态文明建设纳入中国特色社会主义事业总体布局中。

新中国成立之初，经济基础极为薄弱，人均年收入不到100元。中国用几十年时间走完了发达国家几百年走过的工业化历程，成为世界第二大经济体，在创造经济社会快速发展奇迹的同时，也积累了一些生态环境问题。这主要是因为中国快速的工业化进程中，火电、钢铁、石油化工、水泥、焦化等生产方式相对粗放，造成了高耗能、高排放和高污染，同时中国处于“世界工厂”的地位，生产和出口的多为劳动密集型和产业链低端的产品，在承接国际产业转移的过程中，“污染者天堂”效应明显。可见，中国的基本国情决定了中国不能走传统粗放型发展老路。人口众多，耕地稀缺，资源有限，环境污染容纳力承载不足，这都是中国必须长期面对的基本国情。

党的十八大以来，党和政府更加深入地对传统发展模式的弊端进行全面反思和系统思考。特别是在中国特色社会主义总体布局确立、丰富和发展的历史过程中，中国将生态文明建设纳入了中国特色社会主义事业“五位一体”总体布局，提出建设人与自然和谐共生的现代化，从而成为中国式现代化道路的鲜明特征。

（二）生态文明体系

中国所倡导的生态文明以把握自然规律、尊重和维护自然为前提，以人与自然、人与人、人与社会和谐为宗旨，中国的生态文明建设是一项关乎人类可持续发展的综合性、系统性的战略工程。构建生态文明体系，实质上服务于中国所要建设的人与自然和谐的社会，为中国指明了基于经济建设、文化建设、政治建设和社会建设的全方位、绿色化的转型之路。

1. 以生态价值观念为准则的生态文化体系

生态文明建设在价值观念上强调给自然以平等态度和人文关怀。人与自然作为地球的共同成员，既相互独立又相互依存。人类在尊重自然规律的前提下，利用、保护和发展自然，给自然以人文关怀，才能长久地享受到自然资源的回馈。生态文明带动着生态文化，生态意识成为大众文化意识，生态道德成为社会公德。生态文明的价值观推动着生产生活从传统的“征服自然”向“人与自然和谐发展”转变，从追求利润最大化向生态福利最大化转变。总之，生态文明体系的构建主张超越人统治自然的治理思想，走出人类中心主义，建设一种“尊重自然、顺应自然、保护自然”的价值观，实现科学、哲学、道德、艺术和宗教等同步发展的“生态化”，确立人与自然和谐发展的价值观，实现人与自然的共同繁荣。

2. 以产业生态化和生态产业化为主体的生态经济体系

生态文明建设的实践表现为传统产业的生态化和生态

产业的常态化。生态文明摈弃了掠夺和统治自然的生产生活方式，创造新的技术和新的能源，学习自然界的智慧，采用生态技术和生态工艺，综合合理利用自然资源，保护自然价值又实现绿色发展，建设人与自然和谐共生的现代化，保证人与自然“双赢”。在实践途径上，生态文明体现为自觉自律的生产生活方式，追求经济与生态之间的良性互动，坚持经济运行生态化，改变高投入、高污染的生产方式，以生态技术实现社会物质生产系统的良性循环，使绿色产业和环境友好型产业在产业结构中居于主导地位，成为经济增长的重要源泉。

3. 以治理体系和治理能力现代化为保障的生态文明制度体系

生态文明建设在制度层次的选择，是建立一切有利于促进和实现人与自然和谐共生的、系统完备的体制机制。党的十八大以来，中国在生态文明建设领域全面深化改革取得重大突破，系统完整的生态文明制度体系加速形成。中国共产党加强党对生态文明工作的全面领导，从思想、法律、体制、组织、作风上全面发力，更好加强顶层设计，完善中国共产党领导生态文明建设的体制机制。特别是中国开展中央生态环境保护督察，“党政同责”“一岗双责”，生态文明绩效评价考核和责任追究制度成为保护环境、改善生活的保障制度。河北省围绕生态文明绩效评价考核和责任追究制度建设，对“考核什么、怎么考核、责任怎么界定”展开积极探索，在考核主体、考核指标、考核比重等方面引入生态文明建设评价体系，纠正了一些地区和部门片面追求 GDP 的粗放式发展模式，真实反映经济增长背后的环境污染和生态成本，暴露出“重生产，轻生态”所带来的问题，更加全面地评价与衡量发展的“质”和“量”，形成了科学的导向和约束机制，推动各级干部梳理正确的政绩观和发展观，推进了社会经济的良性发展。2021 年，河北省环境空气质量显著改善，全省优良天数达 269 天，为有监测记录以来全省首次进入 70% 以上阶段。①

4. 以改善生态环境质量为核心的目标责任体系

生态文明建设在环境质量改善方面强调要从根本上解决生态环境问题，把经济活动和人的行为限制在自然资源和生态环境能够承受的范围内，给自然生态留下休养生息的时间和空间。中国政府划定了“三条红线”来确保生态环境质量，即生态保护红线、环境质量底线、资源利用上线。在生态保护红线方面，中国建立了严格的管控体系，实现一条红线管控重要生态空间，确保生态功能不降低、

① 《河北日报》：《环境空气质量实现显著改善　2021 年全省优良天数比率首超 70%》，http://hbepb.hebei.gov.cn/hbhjt/xwzx/meitibobao/101653476179686.html。

面积不减少、性质不改变。在环境质量底线方面，将生态环境质量“只能更好、不能变坏”作为底线，并在此基础上不断加以改善，对生态破坏严重、环境质量恶化的区域必须严肃问责，确保生态优先的建设发展理念全面落实。在资源利用上线方面，不仅考虑人类和当代的需要，也考虑大自然和后人的需要，把握好自然资源开发利用的“度”和“量”，任何生产活动都不能突破自然资源承载能力。

这些战略性举措以改善生态环境质量为核心，坚守住生态文明建设的底线。中国各地在坚决打赢环境污染防治攻坚战方面全面发力，深入实施大气、水、土壤污染防治三大行动计划，打好蓝天、碧水、净土保卫战，集中攻克老百姓身边的突出生态环境问题，使中国环境质量明显改善。

5. 以生态系统良性循环和环境风险有效防控为重点的生态安全体系

生态文明建设在国家安全体系方面，将生态安全与政治安全、军事安全和经济安全共同列为中国国家安全战略。2004 年，全国人民代表大会常务委员会在《中华人民共和国固体废物污染环境防治法》中提出立法宗旨，旨在防治固体废物污染环境，保障人体健康，维护生态安全，促进经济社会可持续发展。

党和政府认识到，要贯彻落实总体国家安全观，就必须构建集政治安全、国土安全、军事安全、经济安全、文化安全、社会安全、科技安全、信息安全、生态安全、资源安全、核安全等于一体的国家安全体系。2021 年《黄河流域生态保护和高质量发展规划纲要》提出要加快构建坚实稳固、支撑有力的国家生态安全屏障，为欠发达和生态脆弱地区生态文明建设提供示范。黄河流域是中国重要的生态屏障，是连接青藏高原、黄土高原、华北平原的生态廊道，拥有三江源、祁连山等多个国家公园、国家重点生态功能区。中国接连谋划黄河流域生态保护和高质量发展战略，立足防大汛、抗大灾，统筹发展和安全两件大事，提高风险防范和应对能力，加快构建抵御自然灾害防线，

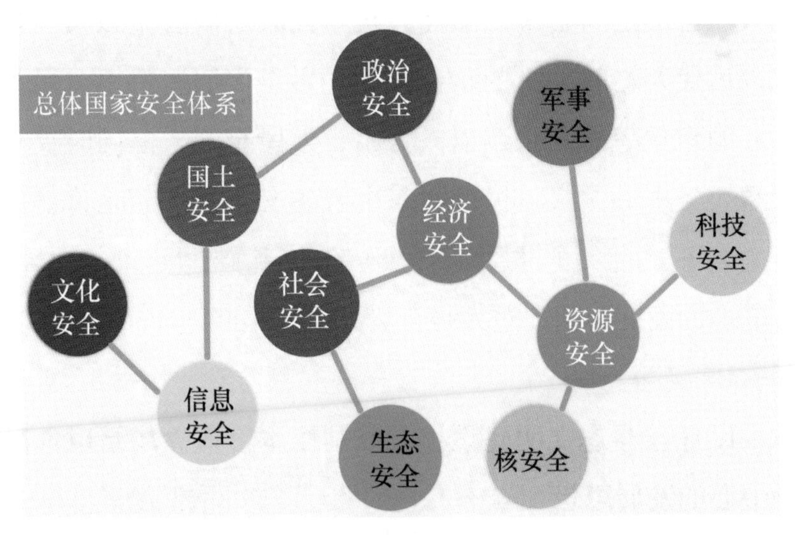

总体国家安全体系

使黄河战略深入人心，黄河岁岁安澜得以实现。构建坚实稳固、支撑有力的大河流域生态安全，是大幅提升国家生态安全水平的重要内容。

（三）生态文明以人民为中心

回望历史，过度追求物质财富制造了人与自然高度的紧张关系，也造成了严重的人类生存危机，虽然极端环保主义强调人类社会必须停止改造自然的活动，但从实践结果来看，两者都没有正确认识和科学处理人与自然的关系，无法适应人类社会的发展需要。中国倡导的生态文明建设，本质是正确处理人与自然的关系问题，核心是倡导形成包括人与自然之间公平、当代人与当代人之间公平以及当代人与后代人之间公平的价值体系。生态文明坚持以人民为中心的发展思想，强调以人为本、人民至上，但同时反对极端人类中心主义、极端生态中心主义，强调人是价值的中心但不是自然的主宰，自然是价值基础也是人的伙伴，人的全面发展必须促进人与自然关系的和谐。

1. 中国生态文明建设核心或其根本价值立场是以人民为中心的发展思想

工业文明主张人类中心主义，过分强调人定胜天，对自然生态系统和生态环境造成了破坏，导致环境问题、极端气候频发，使人类社会可持续发展面临巨大的危机。20世纪六七十年代后，西方社会兴起一些新的生态主义学派，使人类中心主义由“强式”向“弱式”转变，走向非人类中心主义、泛生态主义主张的生物中心论和生态中心论。西方一些激进的生态主义者和绿色运动社会活动家，反对人类对满足人类社会基本生存和需要的动物食品的摄取，甚至认为植物也是会讲话、有思想的精灵，从而忽略了自然界作为一个整体对于彼此存在的价值，否认了人对于自然界、人对于社会存在的根本价值。中国自古坚持人与自然并重的生态观，强调既尊重、顺应和保护自然，又坚持以人民为中心的发展思想。

中国的生态文明强调以人民为中心的发展思想，要求我们重新审视工业文明“人定胜天”的价值观。工业文明认为只有人有价值，这是工业文明数百年来的一个主流价值观，具有深厚的理论基础。如康德提出“人是目的”“人是自然界的最高立法者”，发展了否认自然价值的科学和哲学。工业文明在特定的历史阶段起到了推动社会经济发展的积极作用，但是已经无法解决现阶段环境问题、气候问题、资源问题等全球性问题，不适应未来人类社会向更高等级文明发展的需要。

中国将生态文明作为民生的最大福祉，始终将人民根本利益作为检验生态文明建设工作的最高准则与最终标准。生态文明明确指出，坚持以经济建设为中心、创造更多物质财富，就是要满足高质量发展时代人民群众日益增长的对美好生活的需要，反映人民群众由求“生存”走向求“生态”，由盼“温饱”向盼“环保”的时代需要，文明发展就是要提供更多的优质生态产品以不断满足人民群众日益增长的优美生态环境的需要。

2. 中国生态文明建设坚持以人民为中心具有十分丰富的内涵

中国社会发展进入新时代以来，人民群众对美好生活环境的向往、对环境权的维护、对公共生态产品的需求在增长，与生态资源环境的承载力、生态公共产品不足、生态环保形势严峻之间的矛盾在增大，必须以新认识新实践解决这一矛盾。客观事实证明，良好生态环境是最公平的公共产品，是最普惠的民生福祉。

以人民为中心的建设理念发展、深化和拓展了民生概念。生态环境是人民群众生活的基本条件和社会生产的基本要素，是最广大人民的根本利益所在。生态环境保护得好，全体公民受益；生态环境遭到破坏，整个社会发展会停滞。生态环境具有明显的普惠性和公平性，有着典型的公共产品属性。随着生态环境问题的日益严峻和对社会生活影响的深化，生态环境的公共产品属性越来越明显地展现出来，生态环境作为一种特殊的公共产品比其他任何公共产品都更重要。

青海省根据自身产业发展和自然禀赋情况，围绕蓝天、碧水、净土建设目标，稳步推进生态环境建设与生态文明建设。2022 年，青海省长江、黄河等大河流域国省控水质监测断面中Ⅱ类水质占比超过 76%，人们看到“一江清水流向下游”，感受到“绿水绕城池”的魅力，生态文明建设成果已转化为优美生态环境，进一步转化为人民群众心中的幸福感、获得感、自豪感。

党和政府强调生态环境是“最公平的公共产品”，既强调了治理结果的重要性，也强化了治理过程的主体责任。这种主体责任性，就是中国要求党政干部要坚决摈弃唯 GDP 论英雄的狭隘政绩观、狭隘民生观，树立新的政绩观。这就要求党和政府把良好的生态环境作为基本公共服务，实施绿色决策、科学决策，以新发展理念切实转变治理理念，把持续提高生态环境质量作为履行生态文明建设职责、提升公共治理水平、呵护最普惠民生福祉的重要内容，全方位满足人民群众日益增长的生态产品需求。

3. 在推动高质量发展中更好坚持以人民为中心的发展思想

现阶段，中国社会主要矛盾已经转化为人民日益增长的美好生活需要和不平衡不充分的发展之间的矛盾，而发展中的矛盾和问题集中体现在发展质量上。“十四五”时期，中国将完成新型工业化、信息化、城镇化、农业现代化等建设任务，在一个 14 亿人口的国家全面实现现代化。高质量发展，就是从“有没有”转向“好不好”，将把以人为本、全面落实以人民为中心发展思想，自觉体现在绿色发展、高质量发展模式的转变上，让人民群众意识和感受到：推动实现更高质量的发展，就可以实现更加公平、更可持续、更为安全的发展，就能够获得优美生态环境。

（四）生态文明基本原则

生态环境是关系国家治理及使命宗旨的重大政治问题，也是关系民生的重大社会问题。党和政府历来高度重视生态环境保护，把节约资源和保护环境确立为基本国策，把可持续发展确立为国家战略。

1. 人与自然和谐共生

人与自然是生命共同体，人必须依靠自然界生活，人类的生存与发展命脉就蕴藏在生态系统之中。自然史与人类史在本质上是统一的，生态兴则文明兴，生态衰则文明衰。恩格斯在《自然辩证法》中写道：“美索不达米亚、希腊、小亚细亚以及其他各地的居民，为了得到耕地，毁灭了森林，但是他们做梦也想不到，这些地方今天竟因此而成为不毛之地”，因为他们使这些地方失去了森林，也就失去了水分的积聚中心和贮藏库。人类破坏生态的直接后果就是文明的湮灭和生存的断裂。

生态文明坚持人与自然和谐共生，是对历史与客观的高度总结。人类历史深刻而辩证地揭示出：见人不见物、割裂自然史的人类史，以及见物不见人、割裂人类史的自然史，都是片面的，经济社会发展和生态建设必须统筹考虑。在坚持构建人与自然生命共同体中，既要坚持尊重自然、顺应自然、保护自然的自然观，又要坚持“以人民为中心的发展思想”，使“人的实现了的自然主义”和“自然界的实现了的人道主义”得到统筹。

2. 绿水青山就是金山银山

绿水青山就是金山银山阐述了经济发展和生态环境保护的关系，揭示了保护生态环境就是保护生产力、改善生态环境就是发展生产力的道理，指明了实现发展和保护协同共生的新路径。绿水青山既是自然财富、生态财富，又是社会财富、经济财富。保护生态环境就是保护自然价值和增值自然资本，就是保护经济社会发展潜力和后劲，使绿水青山持续发挥生态效益和经济社会效益。

新疆维吾尔自治区直辖县图木舒克市草湖镇，是古丝绸之路的要冲，也是现在对接中巴经济走廊的桥头堡。草湖镇以“生态草湖”“美丽草湖”“人文草湖”“活力草湖”“幸福草湖”“实力草湖”为建设目标，大力推广环境影响小、生态效益高的特色蔬菜等绿色产业，支持群众大规模种植草莓、油桃、无籽西瓜等反季节果蔬，以生态带动了地方经济发展。草湖镇先后获评全国文明村镇、全国特色小镇，被生态环境部命名为“绿水青山就是金山银山”实践创新基地。

草湖镇

现在，“绿水青山就是金山银山”理念越来越成为中国统筹发展和保护、生态与经济、经济社会发展与环境保护的重大哲学范畴和实践范式。过去我们认为发展就是唯

GDP，没有树立自然价值和自然资本的概念，把发展和保护对立起来，认为抓环境保护就会影响经济发展，其结果就是先污染后治理、边污染边治理、只污染不治理这条老路走不下去了。通过生态文明建设，全社会都十分清楚地认识到，好的环境质量也是好的经济质量，好的环境质量促进和提升社会的现代化水平。全党全国全社会凝结着一个高度共识，就是中国坚持“绿水青山就是金山银山”的理念，可以走出发展和保护协同共生的新路，可以实现更高质量、可持续的绿色发展。

3. 良好生态环境是最普惠的民生福祉

环境就是民生，青山就是美丽，蓝天也是幸福。发展经济是为了民生，保护生态环境同样也是为了民生。

新疆维吾尔自治区幅员辽阔，气候宜人。因此工业化进程中遗留的大气环境质量问题就显得尤为突出，也成为广大群众关注的焦点。新疆针对工业、燃煤、机动车“三大污染源”启动了综合治理工程，稳步推进清洁能源的普及与减排技术升级。2021 年新疆投入专项资金 15 亿元，支持清洁取暖和企业实施燃煤污染控制、工业污染治理、锅炉及工业炉窑综合整治、挥发性有机物治理等项目，完成 29. 54 万户居民煤改电任务，将煤改电工程进一步拓展到南疆五地州和北疆东疆有条件的县市。在生态文明思想的指导下，蓝天白云再一次成为新疆人民最熟悉的风景线。

中国坚持生态惠民、生态利民、生态为民，加大力度补齐民生领域生态产品供给短板，着力推进重点行业和重点区域大气污染治理，着力推进颗粒物污染防治，着力推进流域和区域水污染治理，着力推进重金属污染和土壤污染综合治理，以及大气、水、土壤污染防治三大行动计划深入实施。生态环境治理明显加强，环境状况得到改善，优质生态产品更加丰富，中华大地天更蓝、山更绿、水更清、环境更优美，人民群众福祉持续提升、获得感不断增强。

4. 坚持山水林田湖草沙生命共同体

生命共同体是人类生存发展的物质基础。一个时期以来，中国在推动生态环境保护和污染治理方面缺乏系统观、整体观和长远观，没有充分认识到山水林田湖草沙的生命共同体和生态系统性的价值，从而在实践中形成了地上和地下、岸上和水里、陆地和海洋、城市和农村、一氧化碳和二氧化碳条块分割，出现“头痛医头、脚痛医脚”“九龙治水”“各炒各的菜、各吃各的饭”的治理局面，生态治理碎片化问题十分突出。人力、物力和财力投资投入都很大，但效果并不明显，甚至形成新的破坏问题。

党的十八大以来，中国强调要从系统工程和全局角度寻求新的治理之道，统筹兼顾、整体施策、多措并举，全方位、全地域、全过程开展生态文明建设。

2018 年 9 月，习近平总书记为保护黑土地开出良方："坚持用养结合、综合施策，确保黑土地不减少、不退化。"吉林省四平市梨树县农民秋收之后利用秸秆就地覆盖耕地，保持水分，培养腐殖质，探索出一套可复制可推广的生态修复方案。陕西省榆林市米脂县高西沟村在黄土高坡上种满了松树、柏树、槐树以及苹果树、杏树、枣树，林草覆盖率超过 70%，村民以几十年的坚持破解了黄土地贫瘠又水土流失的生态难题。江西省赣州市实施蓄水保土、

高西沟村

植树增绿，“十三五”期间累计完成水土流失治理面积3400多平方千米，昔日的“红色沙漠”摇身一变为“绿色林海”。

中国一体治理山水林田湖草沙，开展了一系列根本性、开创性、长远性工作，决心之大、力度之大、成效之大前所未有。特别是中国大力推动和实施了长江经济带发展、黄河流域生态保护与高质量发展等重大战略，大力推进流域生态系统综合治理，成为坚持系统治理的典范之作。

5. 用最严格制度最严密法治保护生态环境

保护生态环境必须依靠制度、依靠法治。中国出台一系列改革举措和相关制度，使制度的刚性和权威在生态文明建设中牢固树立，没有作选择、搞变通、打折扣，制度规定成为“有牙齿的老虎”。

2021年世界地球日，江苏省苏州市虎丘法院公布了一批环境资源保护典型案例，希望通过典型案例的发布，进一步发挥司法保护环境资源审判职能作用，提升全社会生态保护意识，用法治保护生态环境这一最普惠的民生福祉。近年来，虎丘法院坚持以习近平生态文明思想为指导，贯彻落实大运河流域生态保护和高质量发展战略要求，以司法保障助力污染防治攻坚战，依法办理各类涉环境资源案件，全面促进生态环境的整体改善和自然资源的合法合理利用。[①]

中国用最严格制度、最严密法治保护生态环境，形成一整套完整有效的制度体系。中国构建了由自然资源资产产权制度、国土空间开发保护制度、空间规划体系、资源总量管理和全面节约制度、资源有偿使用和生态补偿制度、环境治理体系、环境治理和生态保护市场体系、生态文明绩效评价考核和责任追究制度等多项制度构成的生态文明制度体系，构架出产权清晰、多元参与、激励约束并重、系统完整的治理机制。坚决破除各方面体制机制弊端，着力增强了改革的系统性、整体性、协同性，不断推动中国生态文明国家治理体系和治理能力现代化进程。

6. 共谋全球生态文明建设

生态文明建设关乎人类未来，建设绿色家园是人类的共同梦想。保护生态环境、应对气候变化需要世界各国同舟共济、共同努力，任何一国都无法置身事外、独善其身。近年来，经济全球化遭遇逆流，单边主义、保护主义有所抬头。中国倡导的生态文明建设，犹如一股清泉，为加快

① 苏州市虎丘区人民法院：《良好的生态环境是最普惠的民生福祉——虎丘法院发布一批环境资源保护典型案例》，https：//www.thepaper.cn/newsDetail_forward_12344477。

构筑尊崇自然、绿色发展的全球生态体系，共建清洁美丽的世界注入活力。

一是中国坚持一荣俱荣、一损俱损的命运共同体意识。中国提出，各国紧密相连，人类命运与共。任何国家都不能从别国的困难中谋取利益，从他国的动荡中收获稳定。如果以邻为壑、隔岸观火，别国的威胁迟早会变成自己的挑战。要树立你中有我、我中有你的命运共同体意识，跳出小圈子和零和博弈思维，树立大家庭和合作共赢理念。各国必须合作应对气候变化、海洋污染、生物保护等全球性环境问题，实现联合国2030年可持续发展目标。

二是中国恪守共同但有区别的责任原则，为发展中国家特别是小岛屿国家提供更多帮助。中国多次强调，应对气候变化是中国可持续发展的内在要求，也是负责任大国应尽的国际义务，这不是别人要我们做，而是我们自己要做。中国坚持公平公正、惠益分享，照顾发展中国家资金、技术、能力建设方面的关切；中国恪守共同但有区别的责任原则，为发展中国家特别是小岛屿国家提供了资金和技术等有针对性的援助。

中国提出的二氧化碳排放力争于2030年前达到峰值，努力争取2060年前实现碳中和的目标表明，无论是中国的生态文明建设，还是经济社会发展，都进入了全球视野下的以降碳为重点战略方向的新时代。中国必将统筹国内国际，把实现减污降碳协同增效作为促进经济社会发展全面绿色转型的总抓手，全面推动绿色发展，建设美丽中国，使世界更美丽。

二　现代化新道路：人与自然和谐共生的现代化

自17世纪起，西方发达国家用了300多年时间让10亿左右人口进入现代化，走出了西方的现代化道路。历史条件、地理环境、民族文化、发展阶段等差异，决定了现代化可实现的发展路径及方法的多样性。马克思曾提出，东方社会可以跨越资本主义“卡夫丁峡谷”[①] 而开辟出另一条现代化之路。新中国成立以来，党和政府立足于本国国情，基于中华民族的政治传统、经济结构、文化基因以及历史语境，走出了一条有别于西方的中国式现代化新道路，并在推动人与自然和谐共生现代化征程中，开创了人类文明的新形态——生态文明，使得马克思这一理论变成了现实，从根本上破除了西方现代化模式的唯一性，为世界现代化

---

① 比喻灾难性的历史经历，并可以引申为人们在谋求发展时所遇到的极大的困难和挑战。

提供了全新理论形态和道路选择的成功样本。

（一）建设人与自然和谐共生的现代化

现代化是由传统社会向现代社会转化的过程及状态，是人类文明发展的象征和全人类的共同事业。中国的现代化是世界现代化的重要组成部分。中国共产党不断深化对现代化内涵和建设规律的认识，团结带领全体中国人民，逐渐走出了一条具有中国特色的现代化道路——人与自然和谐共生的现代化。

1. 人与自然和谐共生现代化的提出

人与自然和谐共生现代化的提出有其特殊的历史背景和丰富的时代意义。现代化进程最早发轫于 17 世纪的西方国家，以工业化为推动力，带动传统的农业社会迅猛地向现代工业社会转变[①]。这种快速的扩张，以技术进步为驱动，以经济发展为导向，以资源的大肆开发利用为支撑，致力改造自然、追求财富积累，其 300 多年创造的物质财富，远远超过此前人类创造物质资产的总和。然而，进入

① 这种深刻的变化是多方面的，传统经济向现代经济转变，传统社会向现代社会过渡，传统农业文明向现代工业文明发展。这种影响的传递也是全球性的，19—20 世纪，南美国家、亚洲国家和非洲大陆等，相继掀起了现代化建设浪潮。

20世纪60年代，这种以工业文明为导向的现代化所引发的人与自然关系的紧张以及严重的环境问题，迫使人类开始反思资源与发展的边界以及人与自然的关系。国际地层委员“人类世工作组”[①] 指出，人类已成为人与自然共生关系、人与自然生命共同体和地球生态系统变化的主导力量，地球由“全新世”进入人类主导的“人类世（Anthropocene)”。这意味着，人类已经可以利用自身力量调控人与自然共生关系，决定人与自然命运共同体、地球生态系统的命运。从实践逻辑来讲，地球已进入紧急状态。正如《世界科学家对人类的警告》曾声明的，“人类与自然界处在彼此冲突的进程中。人类的活动给环境的主要资源造成了严重的、无可挽回的破坏。如果不加遏制，我们的许多行为将使我们所期待的未来人类社会和动植物世界处于危险的境地，将巨大地改变这个生命家园”[②]。如何利用自身力量调控人与自然关系，是继续走工业文明的老路还是开文明发展之新路，成为近年来人类社会面临的全局性、根本性问题。

和世界上许多国家一样，中国伴随着工业化的到来经

---

① 国际地层委员“人类世工作组”于2016年由国际地层委员会（ICS）召集几十名地球科学家组成。

② 参见科学家声明《世界科学家对人类的警告》(1992年)（PDF文件）[（Scientist Statement：World Scientists' Warning to Humanity (1992)(PDF document)]，1992年7月16日发布，于2002年10月29日更新。

历了一个向自然界进军、改造自然、征服自然的历史过程，在快速形成现代化发展物质基础的同时人与自然关系的矛盾日益凸显，资源、环境成为严重制约发展的瓶颈。面对人类世界的全球挑战和人与自然关系日益尖锐的国内矛盾，中国共产党立足解决人民群众日益增长的对美好生活的需要和发展不平衡不充分的社会矛盾，明确要求绝不能以牺牲生态环境为代价换取经济发展，坚决摒弃损害甚至破坏生态环境的发展模式和做法，中国式的现代化不能走工业化国家现代化老路。中国率先提出要构建生态文明新形态，走人与自然和谐共生的现代化新道路。

2012 年，党的十八大将生态文明建设纳入“五位一体”中国特色社会主义总体布局，提出“大力推进生态文明建设，促进人与自然和谐”。党的十八届三中全会将“生态文明体制改革”纳入全面深化改革的目标体系，提出推动形成人与自然和谐发展现代化建设新格局。2018 年，第十三届全国人民代表大会第一次会议通过的《中华人民共和国宪法修正案》将“推动物质文明、政治文明和精神文明协调发展，把中国建设成为富强民主文明的社会主义国家”修改为“推动物质文明、政治文明、精神文明、社会文明、生态文明协调发展，把中国建设成为富强文明和谐美丽的社会主义现代化强国，实现中华民族伟大复兴”。至此，中国共产党系统地确定了生态文明新形态在社会主义事业总体布局、文明协调发展和现代化国家性质中的地位。

2017 年，党的十九大报告提出“坚持人与自然和谐共生”，并把其作为坚持和发展中国特色社会主义的基本方略之一。2018 年，全国生态环境保护大会将“坚持人与自然和谐共生”作为推进生态文明建设必须坚持的基本原则，指出“我们要建设的现代化是人与自然和谐共生的现代化，既要创造更多物质财富和精神财富以满足人民日益增长的美好生活需要，也要提供更多优质生态产品以满足人民日益增长的优美生态环境需要”；在 2020 年党的十九届五中全会上，党中央再一次明确要“构建生态文明体系，促进经济社会发展全面绿色转型，建设人与自然和谐共生的现代化”。至此，中国共产党从根本上正式确立了人与自然和谐共生的现代化在中国式现代化全局中的地位。

2. 人与自然和谐共生现代化是现代化新道路

人与自然和谐共生的现代化，是以人与自然和谐共生为基本原则的全盘谋划的现代化。它开启了中国式现代化的新征程，也创造了新的文明形态——生态文明。不同于以往西方工业文明的现代化，人与自然和谐共生的现代化在价值理念、发展模式、目标愿景等方面均有独特性和先进性。

在价值理念上，传统的现代化理论更加重视经济价值，忽略生态价值的重要性，抑或是将生态价值视为资源环境对于工业社会的经济要素价值，从而使得生态价值与人的价值难以充分实现，人与自然更多表现为冲突或异化的关系。而人与自然和谐共生的现代化，强调生态本身的价值，不仅包括林木、河流等自然资源自身的生态服务价值，同时还可以创造出生态农业经济、旅游经济等重要经济价值。人可以通过合理地利用自然、改造自然来实现人的价值。实现人与自然和谐共生的现代化，是基于系统意识、整体意识，将自然、社会、人看作一个有机整体，实现三者的有机互动与发展。

在发展模式上，传统的工业化过程中虽然使生产力得到了大幅度提高，也相应提高了居民生活水平，但其以资源资本为生产要素的外延式扩张大生产，也加大了对自然资源的攫取与掠夺，带来生态环境的严重破坏。而人与自然和谐共生的现代化，要求生产生活方式的全面绿色变革，全面提升生态的优先地位，先绿色后发展，在绿色中实现发展。依托生产端、消费端全链条地进行有效绿色化改造，推动经济发展与生态环境保护的辩证统一。

在目标愿景上，传统的基于工业革命的现代化以追求利润最大化为目标，崇尚征服自然和丛林法则，实现人造物质财富不断积累增加。同时工业发展所产生的巨大收益也仅仅惠及了顶部的一小撮人，大量的底层民众没有享受到工业化带来的好处。而人与自然和谐共生的现代化，以更高的站位、更统筹的视野，追求不仅要实现更高质量的现代化与生态化，同时还要将现代化与生态化的发展成果惠及人民大众，切实增强民众的满足感、幸福感、获得感。人与自然和谐共生的现代化所强调的共同富裕，是物质生活和精神生活都富裕，是全体人民都富裕。这一理念倡导各国合作共赢、共同发展，而不是单边主义、保护主义；主张构建人类命运共同体，共建美丽地球。

保罗·伯翰南在《超越文明》中指出，“很明显我们站在了后文明的门槛上，当我们解决了今日面对的问题时，我们将建设的社会和文化会是一个以前从未见过的世界。它可能或多或少比我们已有的东西更文明，但它一定不会是我们已然了解的文明”[①]。中国人与自然和谐共生的现代化所带来发展范式的变革，也必将推动一场社会文明的重塑。

中华民族向来热爱自然、尊重自然、顺应自然。中华文明传承5000多年，中华民族的先人们很早就认识到了生态环境的重要性，积淀了丰富的生态智慧。孔子说：“子钓而不纲，弋不射宿。”意思是不用大网打鱼，不射夜宿之鸟。荀子说：“草木荣华滋硕之时则斧斤不入山林，不夭其

① Bohannan, Paul, “The State of the Species”, *Beyond Civilization*, Natural History-Special Supplement 80, 1971.

生，不绝其长也；鼋鼍、鱼鳖、鳅鳝孕别之时，罔罟、毒药不入泽，不夭其生，不绝其长也。”《吕氏春秋》中说：“竭泽而渔，岂不获得？而明年无鱼；焚薮而田，岂不获得？而明年无兽。”这些关于对自然要取之以时、取之有度的思想，有十分重要的现实意义。同样，“天人合一”“道法自然”的哲理思想以及“一粥一饭，当思来处不易；半丝半缕，恒念物力维艰”的治家格言，这些质朴睿智的自然观，至今仍给人以深刻警示和启迪。

中国建设人与自然和谐共生的现代化，继承了中华文明的基因，注重同步推进物质文明建设和生态文明建设，体现了中华民族生态智慧的精髓。要完整、准确、全面贯彻新发展理念，坚持节约资源和保护环境的基本国策，坚持节约优先、保护优先、自然恢复为主的方针，形成节约资源和保护环境的空间格局、产业结构、生产方式、生活方式，努力建设社会主义现代化。

（二）走生态优先、绿色发展之路

推动人与自然和谐共生的现代化，必须始终保持“生态优先、绿色发展”的定力，既尊重自然的客观规律性，又强调人类的主观能动性。“生态优先”强调我们要尊重自然、爱护自然；“绿色发展”则阐明了我们要充分发挥能动性谋求人类社会的发展，并指明了科学的发展方式。中国国家领导人指出，“实践证明，经济发展不能以破坏生态为代价，生态本身就是经济，保护生态环境就是保护生产力，改善生态环境就是发展生产力”，“生态兴则文明兴，生态衰则文明衰”。人类只有尊重自然、顺应自然、保护自然，实现人与自然和谐共生，才能走出一条经济发展与生态文明建设相辅相成、相得益彰的现代化新路。

1. 打造高品质的生态环境

人与自然和谐共生的现代化，首先要正确处理好人类生产生活和生态环境保护的关系。有别于由传统农业社会向工业社会转化的西方经典现代化，中国式的现代化旨在走出一条生产发展、生活富裕、生态良好的文明发展道路，强调坚决抛弃轻视自然、支配自然、破坏自然的“现代化”模式，绝不走传统现代化“先污染、后治理”的老路。

党中央明确提出，生态环境保护是功在当代、利在千秋的事业。秉承良好生态环境是最普惠民生福祉的基本民生观，中国共产党带领全国人民持续深入实施蓝天、碧水、净土三大行动，划定生态保护的红线，优化产业布局和结构，大力整治“散乱污”企业，统筹推进生态工程、节能减排、环境整治、美丽城乡建设，积极开展生态示范创建，加强自然保护区建设，加大生物多样性保护力度，持续实施好退牧还草、湿地保护、防护林体系建设等重点工程。中国生态环境显著改善，蓝天越来越多，江河越来越清，生态越来越好。截至2021年年底，中国地级及以上城市空气质量优良天数比例为87.5%，同比上升0.5个百分点；细颗粒物（PM2.5）浓度为30微克/立方米，同比下降9.1%；地表水Ⅰ—Ⅲ类水质断面比例为84.9%，同比上升1.5个百分点；单位国内生产总值二氧化碳排放降低指标预计达到“十四五”序时进度要求。[①] 来自中国生态环境部的数据显示，2021年国民经济和社会发展计划确定的生态环境领域8项约束性指标顺利完成，“十四五”生态环境保护实现良好开局。

比利时赛百思中欧商务咨询公司首席执行官弗雷德里克·巴尔丹曾多次访华，对中国生态环境改善有着直观感受：“中国城市蓝天越来越多，空气越来越好。”他表示，中国对节能减排和清洁能源发展给予了最有力的政策支持，山水林田湖草沙的综合治理科学务实，生态文明建设成就令世界瞩目。日本丽泽大学名誉教授三潴正道40多年来一直关注中国的发展变化。在他看来，中国共产党第十八次全国代表大会以来，中国政府高度重视并科学应对大气、水、土壤污染等环境问题，采取了一系列行之有效的措施，

---

① 《2021年全国生态环境质量明显改善》，新华社，http://www.gov.cn/xinwen/2022-04/18/content_5685888.htm。

20世纪80年代的余村

2018年的余村

切实改善了环境。联合国环境规划署执行主任英厄·安诺生在2021年2月22日第五届联合国环境大会会议前夕接受记者采访时，高度赞赏中国生态文明建设取得巨大进步。英厄·安诺生表示，中国建设生态文明的核心是实现人与自然的和谐相处，这也是世界各国的愿景。

中国走出的经济发展和环境保护协调的现代化新路径，让人民群众在现代化进程中的生态环境获得感、幸福感和安全感不断增强。上图是中国美丽乡村建设中一瞥——浙江省湖州市安吉县天荒坪镇余村的蜕变。

2. 着力推进全方位绿色化转型

绿色转型是指经济发展摆脱对高消耗、高排放和环境损害的依赖，转向经济增长与资源节约、排放减少和环境改善相互促进的绿色发展方式，体现在思维理念、价值导向、空间布局、生产方式、生活方式等多个方面。绿色转型不是对传统工业化模式的修补，而是新时期现代化建设中一场全方位、系统性的绿色变革。

2015年，党的十八届五中全会确定，绿色发展理念是今后较长时期必须坚持的重要发展理念，明确绿色发展是推进现代化建设的重要引领。党中央据此做出了一系列的战略部署，强调只有坚持绿色发展，走生产发展、生活富裕、生态良好的文明发展道路，才能有效破解全面建成小康社会道路上面临的资源环境硬约束，为实现社会主义现代化强国奠定坚实的生态根基和提供有力的动力引擎。突出体现在以下几个方面：

一是产业结构调整和绿色产业发展。调整优化产业结构和提高产业链水平是经济绿色转型的重要途径。中国在加快推进工业现代化的同时，大力推进结构调整，坚决淘汰煤炭、钢铁、水泥、平板玻璃、电解铝等行业的落后过剩产能，更新工艺技术装备，降低能耗和排放，加快传统产业绿色改造升级。同时，大力培育节能环保、新能源、新一代信息技术、生物、新材料、新能源汽车等战略性新兴产业，发展绿色服务，推行合同能源管理、合同节水管理，构建以绿色为特征的产业体系。近年来，中国积极推动智能制造发展，“互联网 +”制造模式不断涌现，工业互联网已广泛应用于石油、石化、钢铁、家电、服装、机械、能源等行业，为制造业绿色转型提供了强劲动力。《“十四五”国家信息化规划》又进一步提出“深入推进绿色智慧生态文明建设，推动数字化绿色化协同发展”“以数字化引领绿色化，以绿色化带动数字化”。互联网、大数据、人工智能、第五代移动通信（5G）等新兴技术正在加快与绿色低碳产业的深度融合，为中国经济社会高质量发展提供了新动能。

二是能源结构调整与新型能源体系建设。能源是国民经济的重要物质基础（能源工业本身也是国民经济的重要组成部分），是国家安全与发展以及民生福祉的重要依托，也是现代化进程中不可或缺的重要基础与保障支撑。历史上，能源的获取方式、转换与利用效率和人均消费量是一个国家生产技术水平、生活水平和国际竞争力的重要体现，也是人类文明程度的重要标志。中国以煤为主的资源禀赋特征决定了能源结构调整和现代能源体系建设在绿色转型中的重要性。在能源的消费侧，控制以化石能源为主的能源消费已成为社会共识。习近平总书记提出："坚决控制能源消费总量，有效落实节能优先方针，把节能贯穿于经济社会发展全过程和各领域，坚定调整产业结构，高度重视城镇化节能，树立勤俭节约的消费观，加快形成能源节约型社会。"[①] 为落实中央部署，有关部委相继出台了《能源发展战略行动计划（2014—2020）》和《能源生产和消费革命战略（2016—2030）》，推动加快能源生产和消费的转型。并通过《大气污染防治行动计划》《能源行业加强大气污染防治工作方案》，实施"新城镇、新能源、新生活"行动计划，推动城乡用能方式转变，以及促进能源效率的提升。在能源的供给侧，大力推进煤炭清洁高效利用，着力发展非煤能源，可再生能源产业发展势头迅猛。近 10 年来，中

① 习近平：《积极推动我国能源生产和消费革命》，《人民日报》2014 年 6 月 14 日。

国陆上风电和光伏发电项目单位千瓦平均造价分别下降30%和75%左右，产业竞争力持续提升。风电、光伏发电新增装机和累计容量多年稳居世界第一。2021年，中国可再生能源新增装机1.34亿千瓦，占全国新增发电装机的76.1%，发电量达2.48万亿千瓦时，占全社会用电量的29.8%；可再生能源装机规模突破10亿千瓦，风电、光伏发电装机均突破3亿千瓦。海上风电装机跃居世界第一，在全球占比均超过1/3。新型绿色能源体系正在形成。

三是绿色消费和生活方式绿色转型。近年来，中国政府将绿色消费和生活方式放在更加突出的战略地位，采取一系列政策措施，大力推广高效照明等绿色节能产品，鼓励公众选购节水龙头、节水马桶、节水洗衣机等节水产品，加大新能源汽车推广力度，加快电动汽车充电基础设施建设。2012—2016年，中国节能（节水）产品政府采购规模累计达到7460亿元。阿里零售平台绿色消费者人数在2012—2015年增长了14倍。据测算，2017年国内销售的高效节能空调、电冰箱、洗衣机、平板电视、热水器可实现年节电约100亿千瓦时，相当于减排二氧化碳650万吨、二氧化硫1.4万吨、氮氧化物1.4万吨和颗粒物1.1万吨。各地开展创建绿色家庭、绿色学校、绿色社区、绿色商场、绿色餐馆等行动，倡导绿色居住，节约用水用电，合理控制夏季空调和冬季取暖室内温度，大力发展公共交通，鼓励自行车、步行等绿色出行，建立居民垃圾分类制度，鼓励居民广泛参与垃圾分类、废物回收利用。绿色生活方式促进绿色产品和服务供给，又进一步推动了生产方式的绿色转型。[①]

四是绿色科技和绿色创新能力提升。人与自然和谐共生的现代化，追求的是人和自然关系的升级，科技创新是推动绿色转型的关键举措。改革开放以来，中国实施科教兴国战略，科技投入大幅增加。2014 年中国超过日本和欧盟，成为全球第二大研发投入经济体，研发总支出占到全球的近四分之一。2018 年中国研发总支出接近 2 万亿元，占国内生产总值的比重达到 2.19%，超过欧盟 15 国 2.1% 的平均水平。同期，绿色技术的研发投入也相应地大幅增加。1990—2014 年，中国与环境相关的专利数量增加了 60 倍，而 OECD 国家仅增加 3 倍，中国绿色技术专利申请数增速在过去 10 年特别是 2005 以来超过所有技术专利数增速。[②]与此同时，中央政府通过体制机制建设为绿色技术创新提供良好环境，鼓励创新主体通力合作，充分激发创新活力与潜力；中介服务机构、创新园区、绿色技术研发中心等平台集聚创新资源，以互联网为核心的新一代创新基础设施建设不断完善。同时，中国不断加强科技转

① 王一鸣：《中国的绿色转型：进程和展望》，《中国经济报告》2019 年第 6 期。
② 王一鸣：《中国的绿色转型：进程和展望》，《中国经济报告》2019 年第 6 期。

换能力的建设。近年来，中国改变过去科技创新侧重单一主体的局限，整合社会创新资源、构建集群创新体，包括：服务链创新——产、学、研、金一体化创新；提升产业链创新——产业链上、中、下一体化创新；产业生态链创新——循环链上、中、下一体化创新。国家与地方同步推动服务链创新、产业链创新和产业生态链创新等交互融合，以此有效推动科技创新的转化以及创新能力的迭代升级。

除此之外，环境的绿色转型、绿色金融的发展、绿色治理的建设等工作同步展开，绿色化的发展正在融入经济、社会、文化、科技、管理等各个方面、各个环节。实现现代化的“四化”（工业现代化、城市现代化、农业现代化、信息化）向“五化”（工业现代化、城市现代化、农业现代化、信息化、绿色化）的同步协调共同推进，推动现代化进程加速并实现从量变到质变的转换。

山东省寿光市，一个靠种菜为生的小县城，堪称绿色化成功转型的典范。从20世纪80年代试种大棚蔬菜开始起步，“寿光模式”一直在自我迭代。2010年以前的“寿光模式”，以蔬菜大棚建造和管理技术为核心竞争力，主要对外输出产品、技术和人才。2010年之后的“寿光模式”，则是从种子种苗到全过程蔬菜大棚建造管理运营体系的全链条发力，能够制定并输出蔬菜产品标准、产业推广机制和管理运营体系等产业要素。而进入2018年以来，寿光以创新提升“寿光模式”为根本遵循，推行“全链领航”战略，在持续夯实大棚建造管理、生产运营这一“中端”基础上，重点瞄准产业链“微笑曲线”的两端，在种子选育、种苗推广、功能蔬菜、预制拓展、精深加工、品牌推广等领域全面发力，推动建成结构合理、链条完整的千亿级优势特色产业集群。不到30年的时间里，寿光蔬菜已经实现了“立足潍坊、带动山东、辐射全国”。据不完全统计，近年来全国新建大棚，一半以上有“寿光元素”，寿光标准在全国26个省份落地开花。寿光每年接待为菜而来的客人超200万人次，常年有8000多名技术人员在各地指导蔬菜生

以“绿色·科技·未来”为主题的第十八届中国(寿光)国际蔬菜博览会

产。[1] 2000年，寿光菜博会成功创办。在23届菜博会中，接待了50多个国家和地区、3000多万人次的展商及游客，“中国菜都”寿光的影响力辐射力带动力越来越大。寿光凭借其绿色化、智能化、标准化等融合发展，走向了世界。

3. 释放并发展生态生产力

生态是资源，生态就是生产力。“绿水青山就是金山银山。”[2] 良好生态本身就蕴含着无穷的经济价值，能够源源不断地创造综合效益。自然作为人类活动的基础，人类文明的发展方向只有与自然生态的发展方向相一致才是可持续的。我们必须把生态文明建设放在更加突出的位置，让生态真正成为生产力，推动中国特色社会主义全面发展和中华民族永续发展。

党的十八大以来，中国各地秉持“绿水青山就是金山银山”的发展理念和生态效益、经济效益、社会效益

---

① 王玉龙：《菜博会评论：“寿光蔬菜”，引领全国蔬菜产业的担当》，https：//baijiahao. baidu. com/s？id = 1730613474560895170&wfr = spider&for = pc。

② “绿水青山就是金山银山”，是习近平生态文明思想的重要组成内容。起始于2005年8月时任浙江省委书记的习近平在浙江湖州安吉考察时提出的科学论断。2017年10月18日，习近平总书记在党的十九大报告中指出，坚持人与自然和谐共生。必须树立和践行绿水青山就是金山银山的理念。2021年10月12日，习近平在《生物多样性公约》第十五次缔约方大会领导人峰会视频讲话中提出：“绿水青山就是金山银山。良好生态环境既是自然财富，也是经济财富，关系经济社会发展潜力和后劲。我们要加快形成绿色发展方式，促进经济发展和环境保护双赢，构建经济与环境协同共进的地球家园”。

相统一的原则，坚持走“生态产业化”的发展道路，形成了一大批依托当地自然生态资源优势发展起来的生态产业，既持续改善环境质量、提升生态系统质量和稳定性，又全面提高资源利用效率，实现了经济增长与环境保护的双赢。

在中国的西部偏远地区，有一个喀斯特地貌凸显、生态脆弱、交通不便、贫困落后的省份——贵州，“天无三日晴，地无三里平，人无三分银”是原来描述贵州的俗语。贵州过去长期处于全国经济发展末端，生产方式落后，是全国贫困人口集中连片的地区。近年来，贵州省与全国一道，以实现人与自然和谐共生现代化的战略目标为导向，牢牢守好发展和生态两条底线，大力进行生态文明建设，加大环境保护，加强沙漠化治理，并利用其优良生态环境的发展优势和竞争优势，大力发展绿色经济，不仅彻底撕掉了千百年来的绝对贫困标签，还创造了赶超进位的“黄金十年”，实现了从贫穷落后向现代化的华丽转身。贵州美丽的环境、良好的生态，吸引了越来越多的中外游客、人才进驻，催生出新生业态的发展，贵州省人民生活水平因此飞跃提升，开创了百姓富、生态美的“多彩贵州”“幸福贵州”。据贵州省公布的2020年主要统计数据显示，“十三五”期间贵州省经济增速位居全国前三，其中地区生产总值年均增长8.5%，高于全国平均水平2.8个百分点，绿色经济迅猛发展，新经济占地区生产总值的比重高达20%左右，增速连续五年居全国第一位，数字经济吸纳就业增速连续两年居全国第一位。贵州省的森林覆盖率达61.5%，县城以上城市空气质量优良天数比例达99.4%，主要河流出境断面水质优良率达100%，经济效益、社会效益、生态效益同步提升。贵州省被誉为“党的十八大以来党和国家事业大踏步前进的一个缩影”。与贵州省一样，中国各省份、各区域、各建设单元中，在实现人与自然和谐共生的现代化道路上享受生态生产力所带来的高质量发展案例不计其数。中国，正在以更加自信、更加昂扬的负责任大国姿态，努力开创人与自然和谐共生现代化的人类文明新形态。

百姓富、生态美的“多彩贵州”“幸福贵州”

（三）坚持和完善生态文明制度

现代化需要制度创新先行，也需要制度为其发展保驾护航。生态文明制度[①]建设是确保顺畅持续推进人与自然和谐共生现代化的一个重要内容。党的十八届三中全会提出，“全面深化改革，完善和发展中国特色社会主义制度，推进国家治理体系和治理能力现代化”。会议要求，“紧紧围绕建设美丽中国深化生态文明体制改革，加快建立生态文明制度，健全国土空间开发、资源节约利用、生态环境保护的体制机制，推动形成人与自然和谐发展现代化建设新格局”。

1. 用制度为现代化新道路保驾护航

中国是社会主义国家，构架有中国特色的现代化道路，推动人类迈向生态文明的可持续发展，制度起着根本性、全局性、长远性的重要作用。只有建立并完善更加成熟、更加定型的制度，才能有效保证经济社会的全面发展。中国的制度优势决定了其具有集中力量办大事的能力。

2013 年《中共中央关于全面深化改革若干重大问题的

① 生态文明制度是一个比较宽泛的范畴，指国家为推进生态文明建设建立的一系列规则体系，囊括生态文明建设的相关制度、组织架构及其运行机制。

决定》提出，建设生态文明，必须建立系统完整的生态文明制度体系，实行最严格的源头保护制度、损害赔偿制度、责任追究制度，完善环境治理和生态修复制度，用制度保护生态环境。

2015 年，党的十八届五中全会将“加强生态文明建设，建设美丽中国”首度写入“十三五”规划，并决定实行最严格的环境保护制度，确立了包括绿色在内的新发展理念，提出完善生态文明制度体系。

表 1　**加快生态文明制度建设主要内容的演变**

	2013 年	2015 年	2019 年
主要领域	1. 健全自然资源资产产权制度和用途管制制度 2. 划定生态保护红线 3. 实行资源有偿使用制度和生态补偿制度 4. 改革生态环境保护管理体制	1. 健全自然资源资产产权制度 2. 建立国土空间开发保护制度 3. 建立空间规划体系 4. 完善资源总量管理和全面节约制度 5. 健全资源有偿使用和生态补偿制度 6. 建立健全环境治理体系 7. 健全环境治理和生态保护市场体系 8. 完善生态文明绩效评价考核和责任追究制度	1. 实行最严格的生态环境保护制度 2. 全面建立资源高效利用制度 3. 健全生态保护和修复制度 4. 严明生态环境保护责任制度

资料来源：2013 年 11 月，《中共中央关于全面深化改革若干重大问题的决定》；2015 年 9 月，《生态文明体制改革总体方案》；2019 年 10 月，《中共中央关于坚持和完善中国特色社会主义制度　推进国家治理体系和治理能力现代化若干重大问题的决定》。

2017 年，党的十九大再一次指出，要通过加快生态文明体制改革，建设美丽中国。习近平总书记强调：要“让制度成为刚性的约束和不可触碰的高压线”[①]。

2019年，《中共中央关于坚持和完善中国特色社会主义制度推进国家治理体系和治理能力现代化若干重大问题的决定》提出了坚持和完善生态文明制度的努力方向和重点任务，进一步明确了坚持和完善生态文明制度体系、推动现代化新征程的总体要求。

2. 构建生态文明体制建设的“四梁八柱”

“四梁八柱”源于中国古代传统的一种建筑结构，靠四根梁和八根柱子支撑着整个建筑，故而四梁、八柱代表了支撑一个建筑或系统的主要结构。在中国共产党的最新理论成果中，“四梁八柱”作为形象的比喻，强调中国的改革要有一个基本的主体的框架。

2015年《中共中央 国务院关于加快推进生态文明建设的意见》[②] 和《生态文明体制改革总体方案》[③]，提出构建起由自然资源资产产权制度、国土空间开发保护制度、空间规划体系、资源总量管理和全面节约制度、资源有偿使用和生态补偿制度、环境治理体系、环境治理和生态保

① 《习近平谈治国理政》（第三卷），外文出版社2020年版，第363页。

② 《中共中央 国务院关于加快推进生态文明建设的意见》，《人民日报》2015年5月6日第1、12版。

③ 《中共中央 国务院印发〈生态文明体制改革总体方案〉》，《人民日报》2015年9月22日第14版。

护市场体系、生态文明绩效评价考核和责任追究制度八项制度构成的生态文明制度体系。被称为生态文明体制建设的“四梁八柱”。

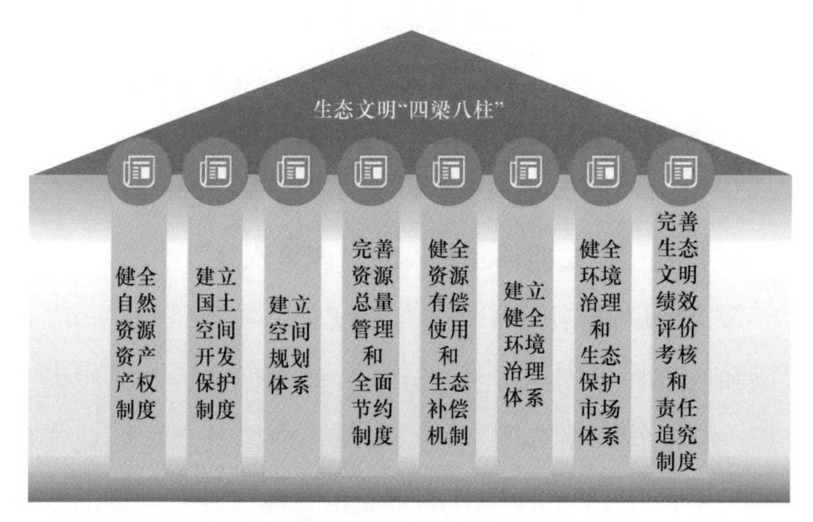

生态文明体制建设的“四梁八柱”

这八大制度体系的建设，主要是围绕自然资源资产管理、自然资源监管、生态环境保护三大领域进行的改革设计。其中，自然资源资产管理领域的制度建设主要包括自然资源资产产权制度、资源有偿使用制度、生态补偿制度、产权交易制度、独立监管和执法制度等；自然资源监管领域的制度建设主要包括空间规划与用途管制制度、生态保护红线制度、自然资源资产离任审计制度等；生态环境保护领域的制度建设主要包括环境治理和生态修复制度、政府购买第三方服务和特许保护制度、环境举报制度、环境损害赔偿制度、企事业单位排污总量控制制度、环境损害责任终身追究制度等。历经五年的建设，这些制度通过设立四个国家生态文明试验区（福建国家生态文明试验区、江西国家生态文明试验区、贵州国家生态文明试验区、海南国家生态文明试验区）进行试点、试验，已经基本构建完成，为中国的生态文明建设保驾护航，纵深推进人与自然和谐共生的现代化。

3. 推动国家治理能力现代化

生态文明制度体系是中国国家治理体系[①]的重要建构内容之一。国家治理体系的完善与否直接关系着国家治理能力的提升，这是一项宏大的工程，零敲碎打调整不行，碎片化修补也不行，必须是全面的系统的改革和改进，各领域改革和改进的联动和集成，最后形成总体效应、取得总体效果。

中国生态文明体制改革前期重点是夯基垒台、立柱架梁。进入新时期，当前工作的重点在于全面推进、积厚成势，把着力点放到加强制度的完善、制度的集成以及协同高效上来。《中共中央关于坚持和完善中国特色社会主义制

① 中国国家治理体系是在中国共产党领导下管理国家的制度体系，包括经济、政治、文化、社会、生态文明和党的建设等各领域体制机制、法律法规安排，是一整套紧密相连、相互协调的国家制度。

度 推进国家治理体系和治理能力现代化若干重大问题的决定》将生态文明制度体系概括为生态环境保护制度、资源高效利用制度、生态保护和修复制度、生态环境保护责任制度四个方面，明确了坚持和完善生态文明制度体系的总体要求。

一是生态环境保护制度。包括坚持人与自然和谐共生，坚守尊重自然、顺应自然、保护自然，健全源头预防、过程控制、损害赔偿、责任追究的生态环境保护体系；加快建立健全国土空间规划和用途统筹协调管控制度，统筹划定落实生态保护红线、永久基本农田、城镇开发边界等空间管控边界以及各类海域保护线，完善主体功能区制度；完善绿色生产和消费的法律制度和政策导向，发展绿色金融，推进市场导向的绿色技术创新，更加自觉地推动绿色循环低碳发展；构建以排污许可制为核心的固定污染源监管制度体系，完善污染防治区域联动机制和陆海统筹的生态环境治理体系；加强农业农村环境污染防治；完善生态环境保护法律体系和执法司法制度。

二是资源高效利用制度。包括推进自然资源统一确权登记法治化、规范化、标准化、信息化，健全自然资源产权制度，落实资源有偿使用制度，实行资源总量管理和全面节约制度；健全资源节约集约循环利用政策体系；普遍实行垃圾分类和资源化利用制度；推进能源革命，构建清洁低碳、安全高效的能源体系；健全海洋资源开发保护制度；加快建立自然资源统一调查、评价、监测制度，健全自然资源监管体制。

三是生态保护和修复制度。包括统筹山水林田湖草一体化保护和修复，加强森林、草原、河流、湖泊、湿地、海洋等自然生态保护；加强对重要生态系统的保护和永续利用，构建以国家公园为主体的自然保护地体系，健全国家公园保护制度；加强大江大河生态保护和系统治理；开展大规模国土绿化行动，加快水土流失和荒漠化、石漠化综合治理，保护生物多样性，筑牢生态安全屏障。

四是生态环境保护责任制度。包括建立生态文明建设目标评价考核制度，强化环境保护、自然资源管控、节能减排等约束性指标管理，严格落实企业主体责任和政府监管责任；开展领导干部自然资源资产离任审计；推进生态环境保护综合行政执法，落实中央生态环境保护督察制度；健全生态环境监测和评价制度，完善生态环境公益诉讼制度，落实生态补偿和生态环境损害赔偿制度，实行生态环境损害责任终身追究制。

中国的建设成就充分证明了中国式现代化的巨大力量与光明前景。中国式现代化新道路——人与自然和谐共生现代化新征程的开启，推动着人类走向文明的新形态，也为大多数发展中国家的现代化建设提供了新的典范。

三　发展生态经济

发展生态经济在中国被认为是一条协调生态保护与经济发展关系的可行的路径，它包含了两方面的含义：一是产业生态化，就是对传统的生产流程进行生态化改造，引入环境友好型新技术，加强资源循环利用，提高能源、资源的利用效率，减少废弃物的排放；二是生态产业化，就是盘活生态资源，使生态系统服务变成或融入一二三产业，通过市场化手段实现其经济价值。几十年来，中国在理论、政策和实践上都进行了大量的有益的探索。

（一）发展生态经济：必然的选择

1. 理论的探索

中国对生态经济的认知始于西方的相关理论。20 世纪 70 年代，面对大规模工业生产带来的能源资源日趋耗竭和环境污染日益加重问题，西方社会开始思考如何处理经济社会发展与资源环境的关系，以实现可持续发展。因此相继提出了“稳态经济”概念、“宇宙飞船经济”概念、“零增长‘全球均衡状态’”，这些提法的共同观点是，作为地球生态系统的子系统，经济系统必须保持一个低增长或者零增长、低消费水平。主要目的就是使财富和人类存量保持恒定不变，使之足以保持长期的美好生活，使这些存量足以维持的通量应该处于低位而不是高位，而且总处于生态生态系统的再生和吸收能力范围之内。然而，对于发达国家来说，物质财富已经极大丰富，人民的物质生活已经达到较高水平，“稳态经济”和“零增长”或许是一种可行的选择。但对于大多数尚未解决温饱问题的发展中国家来说，这种低增长和零增长难以被人们所接受。经济增长也是发展中国家政府不得不考虑的重要事项，政府必须寻求一种平衡资源环境与经济增长关系的新的经济增长方式。

中国学者在 20 世纪 80 年代开始研究生态经济，20 世纪 80 年代，中国学者已经提出要逐步建立中国的生态经济学，提出在生态平衡和经济平衡中，生态平衡是主导，生态平衡受到破坏，最后的损失将落在经济上。近年来，生态经济被定义为一种“保持‘生态中性’经济增长的经济体系”，“生态中性”是指人类经济活动对生态系统的影响达到对生态系统的结构和功能不造成损害，不影响生态系统的长期稳定性的程度；而生态经济即一个遵循生态学规律和经济规律，在不影响生态系统稳定性的前提下保持较高的经济增长水平，以满足人民日益增长的对美好生活需要的经济体系。[①] 要实现“生态中性”经济增长，关键在于生态经济效率和效益的最大化。一方面，通过产业生态化，提高生态经济效率，以最小的资源消耗和环境污染实现最大的经济效益，在创造金山银山时保护好绿水青山；另一方面，通过生态产业化，使生态系统服务具有经济价值，让绿水青山变成金山银山。

2. 现实中的两难选择

如何处理好生态保护与经济增长的关系，知易行难。20 世纪 80 年代初，中国刚刚改革开放，百废待兴，经济非常落后，人民收入及生活水平远低于发达国家。1980 年，中国的人均 GDP 只有 431 美元（以 2015 年不变美元计算，下同），同年美国、日本、德国、英国、法国人均 GDP 分别是 31161 美元、19334 美元、23766 美元、23977 美元、23572 美元，分别是中国的 72 倍、45 倍、55 倍、56 倍和 55 倍。中国面临的最紧迫也最重要的任务就是发展经济，提高人民生活水平。随后的故事世人皆知，中国实现了连续

---

① 陈洪波：《构建生态经济体系的理论认知与实践路径》，《中国特色社会主义研究》2019 年第 4 期。

近40年的经济高速增长。到2021年，中国人均GDP达到11188美元，同年美国、日本、德国、英国、法国分别为61280美元、35278美元、42527美元、46209美元和38210美元，中国与美、日、德、英、法国人均GDP的差距分别缩小到5.5倍、3.2倍、3.8倍、4.1倍和3.4倍。

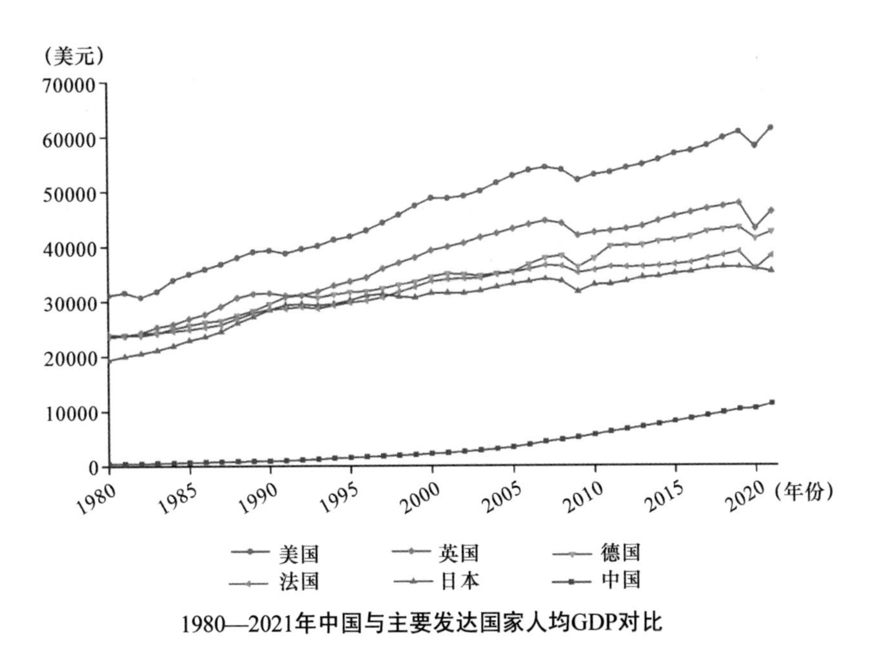

1980—2021年中国与主要发达国家人均GDP对比

资料来源：世界银行官网（数据以2015年不变美元计算）。

中国经济高速增长也带来了能源、资源消费和污染物排放的快速增长。2010年，中国能源消费总量达到36亿吨标准煤，超过美国成为第一能源消费大国。到2019年，中国能源消费总量为48.75亿吨标准煤，分别是美国、日本、德国、英国和法国的1.35倍、7.26倍、10.1倍、16.9倍和13.3倍。1983年，中国铁矿石资源消费为1.18亿吨，超过日本的1.09亿吨，成为第一消费大国。到2017年，中国铁矿石消费为23亿吨，分别是美国、日本、德国、英国、法国的53倍、18倍、59倍、237倍和142倍。2011年，中国二氧化硫、氮氧化物、颗粒物和化学需氧量排放分别达到2218万吨、2404万吨、1279万吨和2500万吨。能源、资源消费量的快速增长和环境污染的不断加剧，经济社会发展难以持续。

然而，中国仍然是发展中国家。2021年人均GDP刚刚超过世界平均水平，在全球200多个国家、地区中排第75名，经济增长必然也必须是中国今后很长一段时间需要坚持的目标。经济增长与环境保护是中国面临的两难选择，中国必须寻求一条经济增长与环境保护“双赢”的新路径。

3. 政治共识的演进

中国决策层在如何协调经济与环境关系问题上进行了积极且艰难的探索。1995年9月，党的十四届五中全会正式提出实现经济增长方式从粗放型向集约型的根本性转变，表明中国已经认识到经济增长与环境矛盾的根本原因在于经济增长方式的不合理。1996年，中国提出保护环境的实质就是保护生产力，表明中国已经认识到环境也是生产要素，协调经济增长与环境的矛盾是可能的。1997年11月，

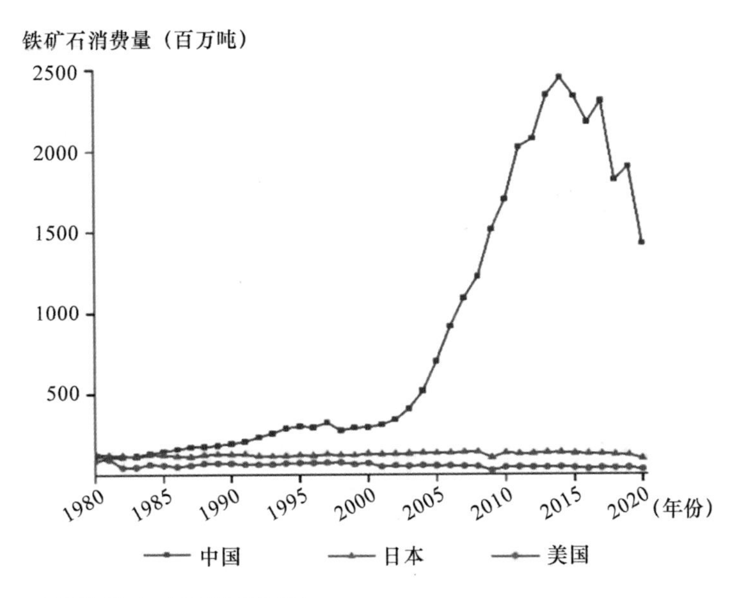

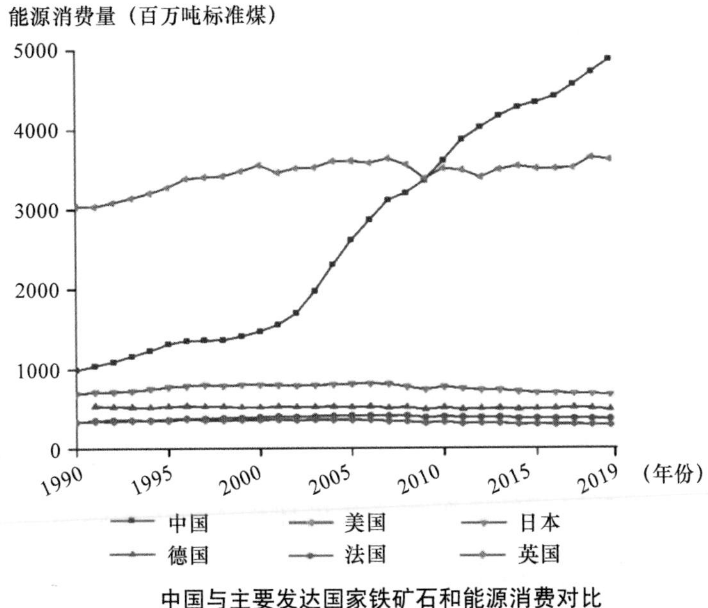

中国与主要发达国家铁矿石和能源消费对比

资料来源：1. 中国能源消费数据来自《中国统计年鉴2021》，其余国家能源消费数据来自美国能源信息署官网；2. 铁矿石消费数据来自世界钢铁协会官网。

中国将可持续发展列入国家战略，确立了处理经济增长与环境关系的总方针。2002 年 11 月，党的十六大提出要加快改造传统工业的步伐，“走出一条科技含量高、经济效益好、资源消耗低、环境污染少、人力资源优势得到充分发挥的新型工业化路子”，进一步明确了协调经济增长与环境关系的具体路径，这是中国政策文件中最接近生态经济定义的政治宣言。2007 年 10 月，党的十七大首次提出建设生态文明。2012 年 11 月，党的十八大把生态文明建设纳入中国特色社会主义事业“五位一体”的总体布局，把如何协调经济社会发展与环境的关系提到了空前的高度。2015 年出台的《关于加快推进生态文明建设的意见》指出，绿色发展、循环发展、低碳发展是实现生态文明建设的基本途径，对如何协调经济社会发展与环境的关系给出了更清晰的路径。2015 年 11 月，党的十八届五中全会提出创新、协调、绿色、开放、共享的新发展理念。2017 年 11 月，党的十九大提出“人与自然是生命共同体”，树立和践行“绿水青山就是金山银山”的理念，指出生态生产力是最根本、更富创造性的生产力，绿水青山能产生更多的经济效益；2018 年 5 月召开的全国生态环境保护大会上，国家主席习近平正式提出，“要构建以产业生态化和生态产业化为主体的生态经济体系”。至此，中国生态经济理论体系逐步形成，为政策和实践确立了方向。

（二）让生产更清洁

为了提高能源、资源的利用效率，减少生产过程中的污染物排放，中国从鼓励企业实行清洁生产入手改善生产方式。2002 年 6 月 29 日，制定并颁布的《清洁生产促进法》明确提出：企业要“不断采取改进设计、使用清洁的能源和原料、采用先进的工艺技术与设备、改善管理、综合利用等措施，从源头削减污染，提高资源利用效率，减少或者避免生产、服务和产品使用过程中污染物的产生和排放，以减轻或者消除对人类健康和环境的危害”。此后，国家有关部门陆续制定出台了一系列配套政策和制度，如《关于加快推行清洁生产的意见》《清洁生产审核暂行办法》《重点企业清洁生产审核程序的规定》《关于深入推进重点企业清洁生产的通知》《中央财政清洁生产专项资金管理暂行办法》等。2012 年 7 月 1 日，修改后的《中华人民共和国清洁生产促进法》开始施行，标志着源头预防、全过程控制的战略已经融入经济发展综合策略。

在推行清洁生产的基础上，中国提出环境友好型的生产方式，推广以“减量化、资源化、再利用”为原则的循环经济模式、绿色产品标识等，按照“清洁生产—循环经济—可持续发展—绿色发展”渐次推进，在全国各地建设生态产业园区、绿色循环园区、绿色工业园区，各产业、各行业生产环境绩效得到显著提高。工业固体废弃物排放在产值增长的前提下得到了有效控制，工业固体废弃物排放从2000年的3186万吨降至2015年的56万吨，乱堆放工业垃圾等现象被普遍遏制；工业固体废弃物综合利用率从2000年的45.9%提高到2015年的60.2%。

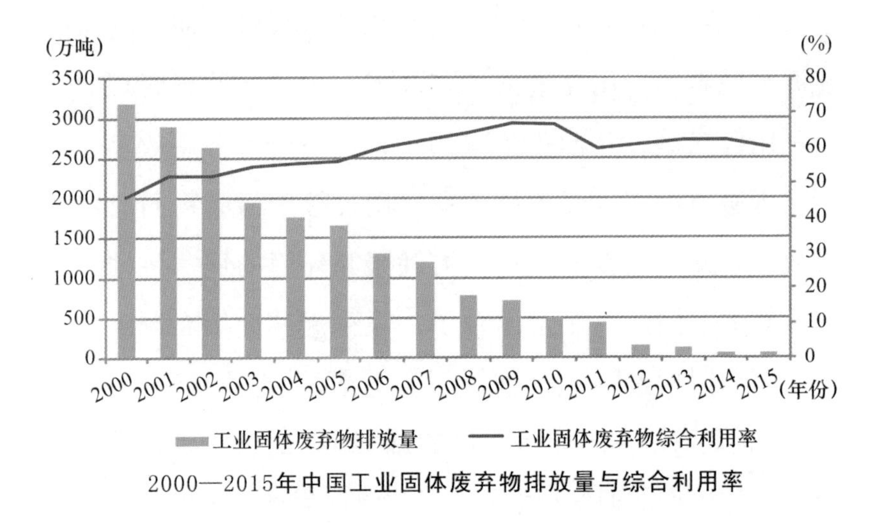

2000—2015年中国工业固体废弃物排放量与综合利用率

1. 水泥厂的变迁

冀东水泥铜川有限公司始建于1956年，60多年来从湿法生产到干法生产，历经扩建、改制上市、破产重整和重大资产重组，目前建成年产600万吨骨料项目，水泥生产规模为全国第三、世界第五。该水泥厂曾经是铜川市能耗和污染物排放大户，对铜川市环境质量造成了严重影响。2021年，该厂投资20亿元建成了全新的万吨水泥生产线，关停了4条水泥熟料生产线和1条骨料生产线，建成了中国第一套国产水泥智能化实验室，在水泥行业首创使用通过AGV小车进行样品输送系统，创新发明了新型熟料取样及制样系统、氮气煤粉风送系统、智能袋装发运系统，实现了产能升级。

企业通过数字化和绿色化改造取得相应成效。在数字化方面，新的生产线中设备数字化率达到95%以上，窑磨专家控制系统投运后稳定性提升15%以上，各工艺段、设备及关键质量数字预测模型准确率达60%以上，实现了生产线的物料管理、质量管控、生产管理、设备运维的全自动化，并能够通过大数据实现自我学习、自我完善、自我提高的人工AI智能，全面提高企业综合管理水平。在绿色化方面，新生产线采用六级旋风预热器加在线喷腾式分解炉，年产熟料310万吨，同步配套建设15兆瓦低温余热发电系统；通过多数据融合的数字孪生工厂，实时分析生产、安全、节能、降耗数据，吨水泥综合电耗为68.05千瓦时/吨、标煤耗低于92.46千克标准煤/吨，比改造前平均水平下降了16.3%，整体综合能耗优化20%。有组织污染物超低排放，固体废物100%回收利用，废水零排放。新生产线的主要污染物排放大幅度下降，改造后颗粒物排放24.31吨，氮氧化物排放79.64吨，二氧化硫排放8.76吨，分别比改造前下降85%、93%和63%。同时，单线与常规标准线相比，生产能力提升1倍，人均劳动生产率提升3倍，均达到国际先进水平。

案例表明，企业通过自动化、数字化、智能化、绿色化建设让工厂实现零事故、低成本运营，降低工人劳动强度、提升幸福指数，降低能源消耗及碳排放强度，提高企业综合管理水平与经济指标，逐渐形成技术融合、产品融合、业务融合、产业衍生的行业新业态。

冀东水泥铜川有限公司厂区全景

冀东水泥铜川有限公司中央控制室

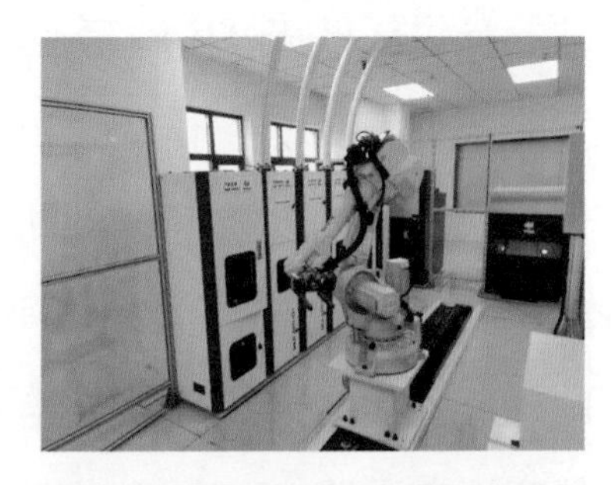

冀东水泥铜川有限公司智能实验室

2. 化工园区的“蔚蓝行动”

杭州湾上虞经济技术开发区位于浙江省绍兴市上虞区，地处杭州湾南岸，是上虞区的经济增长极。2016 年，开发区工业总产值超千亿，约占上虞区工业总产值的 50%。精细化工产业是开发区的支柱产业。2016 年，化工行业产值占开发区总产值的 60%，其中，染（颜）料及其中间体企业产值占开发区总产值的 30%。

2004 年前，开发区内化工企业基本上是废气直排，空气污染对周边居民生活造成严重影响，邻避问题始终无法得到解决。杭州市于 2004 年启动废气整治；2007 年起实施化工行业整治，先后两轮对 811 家化工企业开展了专项整治；2012 年对铅酸蓄电池行业进行整治；2013—2014 年对化工、印染、造纸等四大行业进行整治；2015—2017 年开展科学治气专项行动。

为了从根本上促进化工企业转型，开发区于 2017 年启动“蔚蓝园区”行动，淘汰落后产能和“低小散”化工企业。第一，推进末端治理向源头减量转换，促使企业采用清洁生产工艺，加大环境治理设施投入。区内新和成公司推行“源头削减、过程控制、末端治理”的清洁生产，环境管理重心从末端治理向生产工艺和研发设计阶段转移；美诺华公司 2017 年投资 2500 万元重建污水站，新污水站设计日处理污水量达1000吨，生产车间设置预处理系统，采用降膜吸收、酸吸收、碱吸收等形式，加强污染物排放的源头控制。第二，从落后产能淘汰向强化整治提升转换，渐进式加大环境规制强度。2017年，区内119家化工企业累计投入资金1350万元，建设厂区雨水收集智能系统，在清下水排放口配套建设智能监控设施，无雨天关闭阀门，雨量较大时快速打开阀门，自动同步启动采样装置，监控清下水口外排水质。通过严格的雨水、污水分流管控及实时监测监管，有效降低了主要河道COD浓度。第三，强化环境规制与引导产业转型相结合，有序调整优化产业结构。开发区按照“集聚提升一批、兼并重组一批、关停淘汰一批”的原则，采取措施引导化工产业转型升级。到2017年，开发区内34家化工企业停产整顿，26家企业低效退出化工行业转型其他非化行业，13家企业完成兼并重组，80余家企业开展了新一轮安全、环保、消防等综合整改提升。

严格的环境规制有效地促进了化工企业清洁生产。源头减量和末端治理的环保设施投资改进了生产工艺和安全管理，节约了生产成本和环境成本。区内新和成公司的污泥减量化、密闭化、连续化处理项目可产生年效益112.8万元，焚烧炉提升项目可产生经济效益335万元，间歇工艺程序化操作可产生经济效益304万元。龙盛集团的染料生产原先采用石灰中和高浓度母液废水，产生大量污泥（危废），新上 MVR 设备，将氨水通入强酸性废水副产硫酸铵，污泥减量 82.5%，大大降低了污泥填埋处置费用，还产生了副产硫酸铵经济效益。如果按原污水处理方式需近亿元填埋处置费用，改为现有处置方式后，总体成本节约 8210 万元。此外，严格的环境规制使当地的化工产品在市场上形成了明显的竞争优势，给区内企业带来了显著的经济效益。2017 年 1—10 月，开发区总产值较上年同期实现了两位数增长。

3. “牌证化”的轻纺城

纺织印染行业是浙江省绍兴市柯桥区的支柱产业。40 多年来，柯桥区纺织产业形成了从 PTA、化纤到织造、印染、设计、服装、家纺一条龙的纺织全产业链，印染产能约占到全国的 1/3，全球近 1/4 的纺织产品在柯桥交易，中国轻纺城成为浙江改革开放的一张“金名片”。由于纺织印染行业的环境污染较为突出，2013 年以来柯桥区启动了综合环境治理，尤其是创新性地实行了“牌证化”管理模式。

首先，轻纺城构建了“亩均 +”综合评价体系，引导纺织印染企业进入工业园区，以享受良好的基础设施与配套环境。同时，工业园区提高环境标准的准入门槛，以此倒逼印染企业淘汰落后、节能降耗、节水减排、技术创新，对未能达标进入园区的污染企业实行土地腾退，收回土地指标，用于支持达标企业发展。既实现了产业集聚和土地集约利用，又推动了产业结构调整和环境污染治理。

其次，实行“环境标准引领＋三废治理”负面清单制度。在印染企业集聚过程中，当地政府制定了生产设备、工艺技术、“三废”治理的正面清单和负面清单，严格把关审核企业新建厂房、新购设备和工艺技术路线；支持纺织印染企业广泛应用绿色环保的新型设备、先进工艺。园区内实行了全国首个纺织印染领域团体标准《绿色印染要求通则》（T/SKBJ 001—2017），明确每百米化纤布的综合能耗小于等于 28 千克标煤是基本达标，小于等于 26 千克标煤，则是当前行业引领。园区组织企业积极参与修订了纺织工业水污染物排放标准（GB 4287—2012），成为纺织工业污水、废气等相关行业标准和绿色印染规范的制定单位。

最后，实行“牌证化”管理制度。109 家印染企业 2000 余台定型机全部实施“牌证化”管理，全部安装废气收集装置和实时监控系统，全部实现雨污、清污、废水分质分流，废水纳管排放。废气收集率达到 90% 以上，油烟去除率达到 60% 以上，总颗粒物去除率达到 80% 以上，推动了区域空气质量改善。在经济效益方面，每米印染布附加值提高 15% 以上，亩均税收从 13.47 万元提高到 28.77 万元。

浙江柯桥的中国轻纺城

（三）让生态环境更值钱

1. 探索生态价值的实现路径

生态系统是人类赖以生存的物质基础，给人类提供了食物和旅游资源等各类生产生活要素，同时也调节环境质量、气候，保持土壤肥力和养分循环，维持生物多样性。正是由于生态系统永不停息地提供各种服务，人类才有源源不断的干净的水、清新的空气、肥沃的土壤和适宜的气候，经济社会才能持续发展。因此，生态系统蕴藏着巨大的生态服务价值。据科斯坦萨（Costanza）等人估算，2011年全球生态系统服务价值达125万亿美元，比同年全球国民生产总值68.85万亿美元还高82%[①]。然而，这种潜在生态服务价值并不总是能够变成现实的经济价值，很多地方守着绿水青山的金饭碗却讨饭吃，人们经济收入不高，生活水平低下。因此，如何将生态系统服务开发成生态产业，把生态价值转化经济价值，使“绿水青山”真正变成“金山银山”，也是中国政府和企业不断探索的生态经济之路。

中国的生态产业化首先从农业开始。2002年，农业部遴选出十大类型“四位一体”生态农业模式和配套技术进行推广，之后逐渐发展到多种新技术、新成果的综合应用，以及多种模式与技术的系统化生态农业。随后，生态工业、生态旅游也迅速发展起来，形成了一二三产业有机衔接生态产业链模式。当前，生态产业化主要是挖掘生态资源市场价值、改造提升生态服务供给的数量和质量，通过各类先进稀缺生产要素的有机融合提升生态产品及服务的附加值。例如现代农业技术与地方特色化种养殖的结合、先进管理运营方式同生态观光旅游业相结合、电子商务同家户农副产品销售相结合等；尤其是对人口稀少、生态资源丰富的偏远地区，通过引进资金、技术和管理服务，提升经营规模和经营品质，即可迅速兑现或增大生态资源附加值。

---

① Costanza R., Groot R. D., Sutton P., Ploeg SVD, Anderson S. J., Kubiszewski I, Farber S., Turner RK (2014) Changes in the Global Value of Ecosystem Services, *Global Environmental Change*, 26, pp. 152 – 158.

有些地方注重打造关联共生的产业网络，例如发展生态旅游相关产业，从门票旅游向餐饮、住宿、生产、销售的综合旅游产业转变；整合城乡电信、运输、农副产品加工行业，逐步降低生态产业化的实际成本；推进产业链条延伸、城市和农村相衔接，从而使生态价值实现与城乡居民收入增加的目标有机协同。

2021 年 4 月，中共中央办公厅和国务院办公厅联合印发的《关于建立健全生态产品价值实现机制的意见》要求，拓展生态产品价值实现模式。鼓励地方政府和企业在严格保护生态环境的前提下，采取多样化模式和路径，科学合理推动生态产品价值实现。依托不同地区独特的自然禀赋，采取人放天养、自繁自养等原生态种养模式，提高生态产品价值；科学运用先进技术实施精深加工，拓展延伸生态产品产业链和价值链；依托洁净水源、清洁空气、适宜气候等自然本底条件，适度发展数字经济、洁净医药、电子元器件等环境敏感型产业，推动生态优势转化为产业优势；依托优美自然风光、历史文化遗存，引进专业设计、运营团队，在最大限度减少人为扰动前提下，打造旅游与康养休闲融合发展的生态旅游开发模式；加快培育生态产品市场经营开发主体，鼓励盘活废弃矿山、工业遗址、古旧村落等存量资源，推进相关资源权益集中流转经营，通过统筹实施生态环境系统整治和配套设施建设，提升教育文化旅游开发价值。

2. 秀房沟的黑绿蜕变

秀房沟煤矿位于陕西省铜川市绣房河上游，1997 年开始采煤，年采煤能力 90 万吨。原本山清水秀的绣房河区域，经过近 20 年的煤炭开采，生态遭到严重破坏，河里水量大幅减少，水质恶化，时常断流，水草枯死，树木花草凋敝，水中无鱼，空中无鸟。河岸边运煤车尘土飞扬，煤灰落在村民院子里、屋顶上、菜地里，村庄、路面、河床都遍布着一层黑乎乎的煤灰，当地的人居环境十分恶劣。2014 年前后，由于煤炭市场价格急剧下跌，煤矿生产经营举步维艰，面临企业停产、职工放假的境遇。这时，财政部、自然资源部和生态环境部推出山水林田湖生态保护修复工程试点政策，利用中央资金支持老矿区等生态破坏严重的地区修复生态和转型发展。秀房沟煤矿业主与地方政府协商，决定关闭煤矿，申请中央资金修复绣房河生态，转型发展旅游。

2015 年，中央和地方政府投资 2.8 亿元，实施河道生态综合治理、水资源保护与综合利用、水土流失综合治理与生态修复三大工程。煤矿企业投资 8.84 亿元进行景区开发，以宋代画家范宽的名画《溪山行旅图》为蓝本，按照“中国画境，范宽山水”总体定位和打造中国宋代山水第一胜境的目标，建设了溪山画馆、溪山·逸居酒店、溪山画廊写生基地、溪山养生苑、鸟语林湿地生态园、溪山街、长空索道以及星空酒店等40多个休闲度假项目。秀房沟煤矿老矿区转型本着“不大拆大建，修旧如旧”的原则，改造提升现有建筑物，开发工业旅游。通过实物、声光电等现代化手段改建煤炭文化展览馆，让游客可以直观地感受井下采煤的工艺流程。2017年，秀房沟景区获得AAAA级景区授牌，同时被确定为全国优选旅游项目，并成为陕西省美术协会铜川照金溪山胜境景区写生基地、西安美术学院大学生校外实践教育基地、西安市中国画研究会铜川溪山胜境创作研究基地。如今，景区已成为远近闻名的“露营避暑地”“网红打卡地”，现在平均每年接待游客30万

秀房沟溪山胜境景区

人，收入达2787万元，可解决200多人就业，当地农民人均年收入达到3.6万元。

3. 畅销全国的“丽水山耕”

浙江省丽水市地处浙南山区，交通不便，工业化、城镇化进程滞后，但生态本底较好，环境污染较轻，自然条件多样，有利于发展原生态、纯天然的绿色农业。但也存在着小农户经营规模零星分散，难以形成特色农产品品牌，优质农产品难以与市场形成高效对接等制约性问题。2014年9月，在当地政府的引导推动下，丽水市生态农业协会创立了区域农产品公用品牌“丽水山耕”，以推动生态农业发展。

“丽水山耕”充分发掘丽水市发展生态农业的生态本底优势，通过信息溯源管理倒逼生态农业生产标准化，以品牌认证提升生态农产品价值，利用“壹生态”系统推动高效流通和品牌营销。一是开展标准认证，成为全国首个开展认证工作的农业区域公用品牌。2018年，建立了“丽水山耕”A标（通用标准）+B标（产品标准）的品牌标准体系。在“丽水山耕”国际认证联盟的认证之下，完成了首批21家企业的认证工作，发放23张“丽水山耕”品牌认证证书。同时以第三方认证的模式推进规范化品牌管理。2018年后，丽水对标欧盟标准出台了3批106种农药化肥的限用和禁用目录，全面推行农药购买实名登记制度，以保护产品的“生态属性”。二是全程溯源监管，全面保证品质。“丽水山耕”品牌运营商以基地直供、检测准入、全程追溯为策略，对农产品质量进行严格的检测把关，“丽水山耕”产品实现检测全覆盖，建立了“四级九类”（市、县、乡镇、企业“四级”，蔬菜、水果、食用菌等九大产业“九类”）产品质量安全追溯系统监管体系。截至 2018 年 6 月，丽水市加入省市两个平台追溯体系的企业达 1419 家，完成产品检测样品 15465 个、851748 项次，二维码防伪标签申领使用 100 万张，制定农产品链贮运操作手册 16 个。三是拓宽营销渠道，实现线上线下协同。整合网商、店商、微商，形成“三商融合”营销体系。以“物联网 + 大数据”为基础，构建“壹生态”信息化服务系统，对接全球统一标识的 GS1 系统，提供大数据服务。组织参加丽水生态精品农博会、浙江省农博会、上海（浙江）名优博览会等系列品牌宣传活动，结合“丽水山耕”旅游地商品转化，开展推进品牌旅游地商品转化网点建设工作。截至 2018 年 6 月，电子商务平台完成 254 个农产品入驻，完成“丽水山耕”线下营销网点建设 173 个。

截至 2021 年 4 月，丽水生态农业协会会员数达到 629 家，全省获得“丽水山耕”品字标认证企业共 390 家，发放证书 531 张；全市加入省市两个平台追溯体系的企业达

1419 家，累计申领使用溯源二维码防伪标签 320 万张；形成了菌、茶、果、蔬、药、畜牧、油茶、笋竹和渔业九大主导产业。2020 年，“丽水山耕”农产品实现年销售额 108.53 亿元，平均溢价率达 30%。2017 年中国农产品区域公用品牌价值评估结果显示，“丽水山耕”的品牌价值达 26.59 亿元。2018 年、2019 年和 2020 年连续三年蝉联中国区域农业品牌影响力排行榜区域农业形象品牌类榜首。

丽水山耕的logo

4. **“水美城市”的投资热**

南平是福建省母亲河闽江的发源地，是世界自然与文化“双遗产”武夷山的所在地，山清水秀，生态良好，全市森林覆盖率达 74.75%，拥有全省最丰富的生态资源。受到地貌与区位的影响，南平也曾是福建经济最不发达的城市，GDP 总量和人均 GDP 均位列全省倒数第一，生态资源优势没有转化为经济优势。

2015 年，南平依据自身的山水优势，全力打造“水美城市”，在全面掌握城市水系演变的基础上，着眼于流域区域，立足构建良好的山水城关系，为水留空间、留出路，实现城市水体自然循环。南平以水为带、以水为脉，让河流、岸线、景观、道路、文化遗产与城市设施自然衔接，实现水与城、水与自然和谐，营造城市水利与景观协调联动的亲水氛围，做足做活“水文章”。南平按照海绵城市的理念对老城进行更新，以“雨污分流与混接改造、优化积水问题、提升环境品质”为目标，通过雨水断接、管网改造、生物滞留设施等海绵设施建设进行老旧小区品质提升，解决雨污混接、积水等问题，聚力人居环境整治，建设生态宜居家园。同时通过生物多样性保护、水土流失治理、流域水环境保护治理、矿山环境治理恢复进行生态保护修复，开展畜禽污染、生活污染、非法采砂、黑臭水体治理，对 13 条小流域进行综合整治。近年来，南平江河治理防洪工程累计建设总长约 285 千米的防洪堤和长约 4. 5 千米的护岸，建设总投资约为 36. 96 亿元，城市面貌焕然一新，被水利部和住建部命名为“水美城市”。

在水美城市建设的基础上，南平全面加快旅游新业态开发，深度挖掘“商、养、学、闲、情、奇”六大旅游新要素，丰富城市观光游、体育健身游、科技游、康养游、美食游和乡村农事体验等旅游产品。在武夷山建设的“水美城市”项目新增了“夜游崇阳溪”旅游项目，顺昌建设

南平“水美城市”

的“水美城市”项目开发了富金湖水上游船项目，为旅游产业提供了丰富的生态旅游产品。南平环境的改善和城市公共基础配套设施的建设，有力增强了南平对投资者的吸引力，2021 年 164 个投资亿元以上的产业项目签约落地南平。投资热也带来了土地增值，如顺昌县借助“水美城市”建设，将城区面积拓展了 3.6 平方千米，土地出让收益增加 30 亿元以上。

四　保障生态安全

中国是一个人多、地少、水资源时空分布不均、自然灾害多发的国家，生态系统相对脆弱。维护好生态安全既是人类生存和经济社会发展的最基础、最必不可少的保障条件，也是生态文明建设的基本目标和重要内容。新中国成立以来，中国社会对于生态环境安全的认识经历了一个不断深化的过程：从最初的搞好环境卫生，到加强环境保护，再到维护生态安全、建设生态文明；从重视维护国家生态安全，到倡导“为全球生态安全做出贡献”“共建地球生命共同体”。生态文明理念逐步确立，生态环境建设扎实推进，生态安全状况持续好转。

（一）持续推进生态安全建设

一个国家或地区的生态环境状况受其自然条件和人类

行为的深刻影响。中国有 14 亿人口，山地多、平原少，人均耕地面积只有 1.36 亩，远低于世界平均水平；人均水资源量为 2000 立方米/人・年，仅为世界人均水平的 1/4，是世界上人均水资源最贫乏的国家之一；在季风气候影响下，中国水资源“南多北少、东多西少、夏多冬少”，时空分布极不均衡。而土地是万物之母、水是生态之基，受自然条件约束，中国的生态环境本底相对比较脆弱，再加之改革开放以来经济社会快速发展下的高强度开发建设，全国中度以上生态脆弱区域占陆地国土面积的比例达 55%。如何在生态环境相对脆弱、人均资源相对紧张的条件下，既不断满足人民对于美好生活的追求，又切实维护好生态安全，是中国政府和人民长期面临的重大挑战。

1. 什么是生态安全

从本质上讲，大自然是一个复杂的生态系统，是在一定时间和空间内生物与生物、生物与环境之间构成的有机统一整体。大自然不仅给人类提供了丰富的生活资料来源，如谷物、蔬菜、瓜果、水产等，也给人类提供了多彩的生产资料来源，如石油、木材、矿产等。人类的生存发展依赖于大自然，人类的生产生活活动也会影响大自然。而“生态安全”是指地球、一个国家或地区赖以生存和发展的自然生态系统处于不受或少受破坏与威胁的状态。生态安全的内涵一般包括两层含义：（1）生态系统自身是否安全。即生态系统自身是否遭到破坏，结构是否完整，功能是否健全，状态是否稳定；（2）生态系统对于人类社会是否安全。即生态系统所提供的产品及服务能否保障人类社会安全生存和健康持续发展的需要。

生态安全具有系统性、整体性、动态性和基础性的特征。一是系统性。生态系统由自然界中生物与环境的各种要素构成，生物与环境之间、各种要素之间相互作用、相互影响、相互制约、紧密联系，共同构成具有一定功能的有机整体。生态系统中的任何要素、任何环节发生问题，都可能引起其他要素、其他环节的连锁性反应，引发系统性生态安全风险。二是整体性。生态系统是一个不可分割的整体，局部地区或某个子系统生态环境遭到破坏，都可能引发整体性生态环境问题，进而带来整体性生态安全风险。三是动态性。生态系统受复杂因素的影响，会随影响因素的变化而在不同时期呈现不同状态。生态安全是一种相对稳定的动态平衡状态，没有绝对安全，只有相对安全。四是基础性。国家安全体系包括政治安全、国土安全、经济安全、社会安全等，生态安全是其他安全的载体和基础，如果生态安全得不到有效维护，必然会影响到国土安全、经济安全、社会安全等，进而危及地区安全、国家安全乃至全球安全。

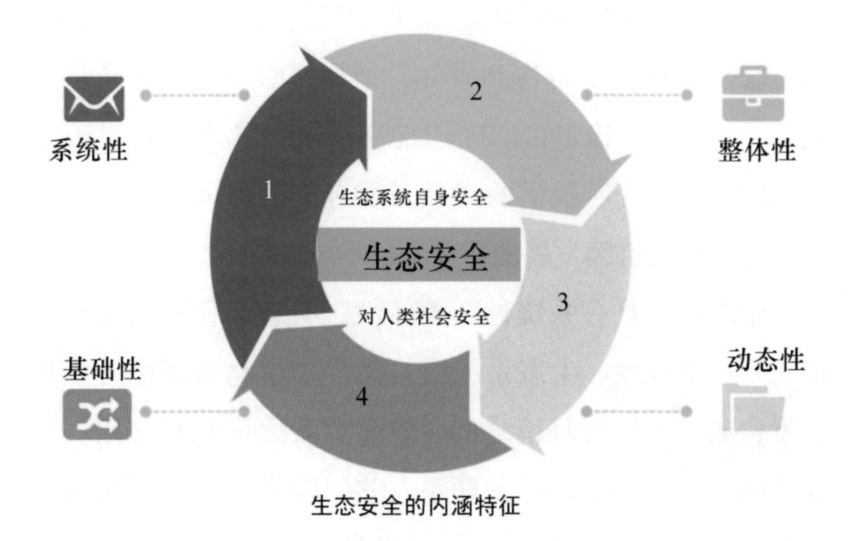

生态安全的内涵特征

2. 中国的生态安全建设历程

中国自古以来就是自然灾害多发地区，因此中国的传统文化一向重视生态环境，强调“仁者爱山、智者乐水”，推崇“道法自然”“天人合一”。但近现代以来（特别是1840年中英鸦片战争以后），由于国土长期遭受外族侵略和内部战争的炮火，中国的生态环境遭到严重破坏。1949年新中国成立，深感生态破坏之痛的中国政府和人民逐步拉开了环境保护和生态安全建设的序幕。

一是生态安全建设探索起步时期（1949—1978年）。1949年新中国成立后，为改变旧中国环境脏乱、不卫生和传染病严重流行的状况，中国政府带领人民在全国普遍开展了群众性的环境卫生运动。仅半年时间，全国就清除垃

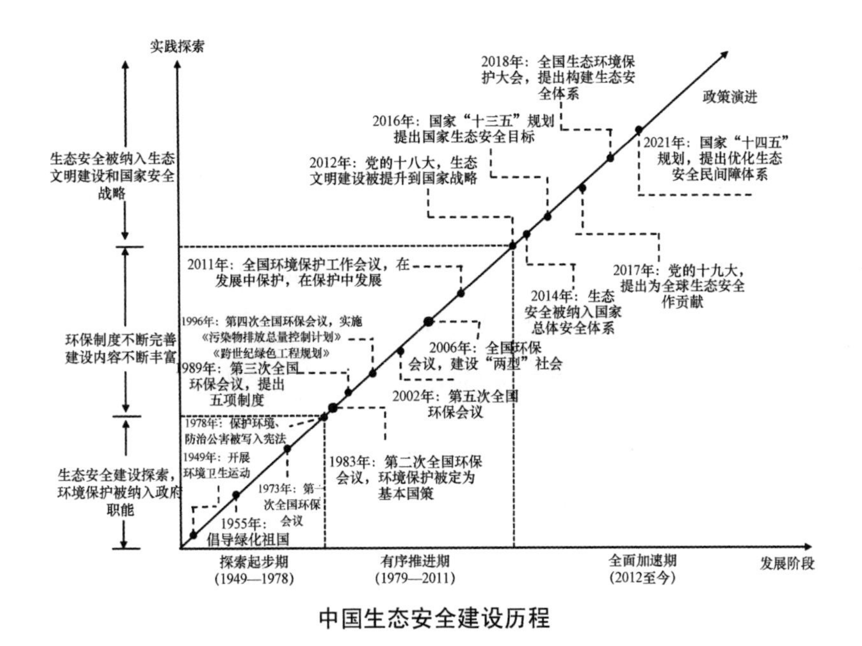

中国生态安全建设历程

圾1500多万吨，疏通沟渠28万千米，新建和改建水井130万眼，新建和改建厕所490万个，填平了大批污水坑塘，扑灭了大量老鼠蚊蝇，使广大城乡的环境卫生状况得到不同程度的改善。1955年，面对破碎荒芜的国土，中国政府发出了“绿化祖国”的号召，要求“绿化一切可能绿化的荒地、荒山”，在全国掀起了植树造林、绿化祖国、重整山河的建设高潮。1972年，中国派代表团参加了在瑞典斯德哥尔摩召开的联合国人类环境会议。1973年，中国政府召开了第一次全国环境保护会议，正式将环境保护工作纳入各级政府的职能范围。1978年，“国家保护环境和自然资源，防治污染和其他公害”首次被写入《中华人民共和国宪法》，中国的生态安全建设开始逐渐起步。

二是生态安全建设有序推进时期（1979—2011 年）。1978 年中国实行改革开放后，经济社会发展取得巨大成就，但也出现了环境污染、植被破坏、土地沙化、生物多样性减少、生态系统功能失调等问题，生态安全形势日益严峻。1983 年，中国召开第二次全国环境保护会议，正式把环境保护确定为一项基本国策。在这一时期，中国一共召开了六次全国性的环境保护会议，不断完善生态环境保护政策和制度，并通过制定和实施一个又一个的五年规划有序推进国家生态安全建设。例如，“七五”时期发布了首个五年环境规划——《“七五”时期国家环境保护计划》；“八五”时期中国推出了《环境与发展十大对策》；“九五”时期出台了《“九五”期间全国主要污染物排放总量控制计划》和《中国跨世纪绿色工程规划》；“十五”时期中国推动实现了环境污染治理由末端治理向全过程防控的转变；“十一五”时期，提出要建设“资源节约型、环境友好型社会”，把加强“两型社会”建设作为维护生态安全的重要手段。

三是生态安全建设全面加速时期（2012 年至今）。2012 年党的十八大召开之后，生态安全建设逐渐被上升到国家安全战略层面。2014 年，中国国家安全委员会第一次会议提出了“总体国家安全观”，并将生态安全正式纳入国家总体安全体系之中。2016 年，“十三五”规划制定了“国家生态安全格局总体形成，国家生态安全得到保障”的发展目标。2017 年，党的十九大报告提出要构建科学合理的生态安全格局，力争为全球生态安全做出贡献。2018 年，中国再次召开生态环境保护大会，明确提出加快构建生态系统良性循环和生态环境风险有效防范的生态安全体系。加强生态安全体系建设、筑牢生态安全屏障，成为新时期中国生态文明建设和国家安全建设的重要内容。

（二）严格划定“生态保护红线”

随着中国经济社会发展与资源环境之间的矛盾日益突出，可持续发展面临资源约束趋紧、环境污染严重、生态系统退化的重大瓶颈制约，国土生态安全格局遭受严重威胁。在此背景下，中国不断探索创新构建国土生态安全格局，以严格执行“生态保护红线”、筑牢生态安全屏障为抓手，着力维护国家和区域生态安全。

1. 科学划分生态保护红线

生态保护红线是自然生态安全的底线，是保障和维护国土生态安全、人居环境安全、生物多样性安全的生态用地和物种数量底线，是保障和维护国家生态安全的底线和生命线，是最重要的生态空间。中国将水源涵养、生物多样性维护、水土保持、防风固沙等生态功能重要区域，以及生态环境敏感脆弱区域进行空间叠加，划入生态保护红线。2018 年中国生态环境保护大会强调指出，加快划定并严守“生态保护红线、环境质量底线、资源利用上线”三条红线。随后，各地方政府制定了生态环境准入清单，要求在地方立法、政策制定、规划编制、执法监管中不得变通突破和降低标准。

近几年来，中国相继印发了《国家生态保护红线——生态功能基线划定技术指南（试行）》《生态保护红线划定技术指南》《关于开展生态保护红线管控试点工作的通知》《关于划定并严守生态保护红线的若干意见》《生态保护红线划定指南》，以生态保护红线刚性约束强化生态系统保护与修复，落实生态保护红线边界和主体责任，加大监测监管力度，加强生态保护与修复。同时，坚定坚守环境容量底线，即污染物排放量不得超过环境能够容纳的最大负荷量，牢守“环境质量只能变好不能变差”这条底线，有效防控生态环境风险。截至 2021 年，中国已初步建立起生态保护红线、环境质量底线、资源利用上线和生态环境准入清单的“三线一单”为核心的生态环境分区管控体系，基本形成覆盖全域的生态环境分区管控，全方位严守自然生态安全边界。

2. 筑牢生态安全屏障

为了推进形成人口、经济和资源环境相协调的国土空间开发格局，保障国土空间生态安全，2011 年中国制定出台了《全国主体功能区规划》，以陆域和海域生态安全战略格局为基础，突出社会经济发展的国家重大战略的生态支撑，着力构建以青藏高原、黄土高原—川滇、东北森林带、北方防沙带、南方丘陵山地带的“两屏三带”陆域生态屏障，以及以大江大河重要水系为骨架，以其他重点生态功能区为重要支撑，以禁止开发区域为重要组成的生态安全战略格局。2021 年，“十四五”规划进一步提出要“完善生态安全屏障体系”，在原有基础上，加快推进黄河重点生态区、长江重点生态区、青藏高原生态屏障区和东北森林带、北方防沙带、南方丘陵山地带、海岸带等生态屏障建设，加强大江大河和重要湖泊湿地生态保护治理，加大重要生态廊道建设和保护力度，构建形成“三区四带”的生态安全格局，筑牢生态安全屏障，守住自然生态安全边界。

（三）加大生态系统保护与修复力度

中国自然生态系统退化和丧失十分严重，加强生态保护和受损严重的生态系统修复是近年来中国生态建设的重要内容。在生态文明思想指导下，中国秉持保护优先、自然恢复为主的基本方针，坚持尊重自然、保护自然、顺应自然，遵循自然生态系统演替规律，充分发挥大自然的自我修复能力，着力维护生态系统良性循环。

1. 加强重要生态系统保护与修复

实施重要生态系统保护和修复重大工程是推进中国生态安全建设的重要举措之一。2020 年 6 月，中国国家发展和改革委员会与自然资源部联合印发《全国重要生态系统保护和修复重大工程总体规划（2021—2035 年）》，提出了到 2035 年的发展目标，即要使全国森林、草原、荒漠、河湖、湿地、海洋等自然生态系统状况实现根本好转，生态系统稳定性明显增强，自然生态系统基本实现良性循环，人与自然和谐共生的美丽画卷基本绘就。

在国家生态屏障区建设基础上，中国强调要着重抓好国家重点生态功能区、生态保护红线、重点国家级自然保护地等区域的生态保护和修复，全力解决一批重点区域的核心生态问题。主要依托青藏高原生态屏障区、黄河重点生态区、长江重点生态区、东北森林带、北方防沙带、南方丘陵山地带、海岸带区域，统筹考虑生态系统的完整性、地理单元的连续性和经济社会发展的可持续性，大力实施天然林保护、草原保护修复、河湖和湿地保护修复恢复、海洋生态系统保护修复、生物多样性保护和外来入侵物种灾害防治，大力开展了防护林体系建设、退耕还林还草、退田（圩）还湖还湿、地下水超采综合治理，以及水土流失和沙化土地治理、石漠化综合治理、矿山生态修复等土地综合整治，推进“蓝色海湾”整治等系列生态系统保护修复重大工程，对于遏制各类自然生态系统恶化趋势发挥了重要作用，为构建良性循环的生态系统奠定了基础。

例如，为了保护长江流域生态系统，中国政府编制实施了《长江经济带生态环境保护规划》，颁布了《中华人民共和国长江保护法》，出台了《国务院办公厅关于加强长江水生生物保护工作的意见》《进一步加强长江流域重点水域禁捕和退捕渔民安置保障工作实施方案》《打击长江流域非法捕捞专项整治行动方案》等一系列的保护方案措施。近几年来，中国深入贯彻“山水林田湖是一个生命共同体”理念，注重水资源、水生态、水环境三位一体推进，强化生态环境硬约束，确保长江生态环境质量只能更好、不能变坏。中国第一大淡水湖鄱阳湖，是长江流域的一个重要湖泊，经过改善水质，合理管理捕捞和泥沙、砂石采掘，阻止和控制外来物种入侵，维持淡水系统流通性，修复和保护水生生物栖息地，现今已经成为白鹤、江豚等野生动物的天堂。

鄱阳湖生物多样性优先保护区

2. 加快推进受损生态系统的修复

过去长期的人类活动干扰破坏，特别是近现代持续战争的破坏，以及新中国成立后特别是改革开放以来高强度开发建设的扰动，中国生态系统破坏、退化形势十分严峻，针对自然生态系统的突出问题，中国持续推进了一系列有针对性的生态系统修复工程，如加大植树造林和土地沙漠化治理力度，加强山水林田湖草沙生命共同体的系统修复和综合治理等，创造了不少生态修复的世界范本。

仅以植树造林为例，新中国成立初期，中国就开展了植树造林、绿化祖国的全民行动，国家领导人率先垂范，社会大众广泛参与，持续不断，久久为功。根据中国第八次全国森林资源调查（2009—2013 年）数据，与第一次全国森林资源调查（1973—1976 年）相比，中国森林面积增加了 0.9 亿公顷，森林覆盖率提高了 8.9 个百分点，森林蓄积增加了 64.8 亿立方米。而 2013—2020 年，中国森林覆盖率又提高了 2.68 个百分点，达 23.04%，森林蓄积量净增了 38.39 亿立方米。自 2004 年以来，中国的荒漠化、沙漠化面积已经连续 3 个监测期实现了“双缩减”。2019 年 2 月英国《自然·可持续发展》杂志上发表的一篇论文指出，2000—2017 年全球新增的绿化面积中，约 1/4 来自中国的植树造林。以毗邻京、津、内蒙古的河北省塞罕坝林场为例，历史上该地区曾经水草丰美、森林茂密，是清朝皇家猎苑“木兰围场”的重要组成部分，但长期过度的开围放垦，以及连年战争和山火，使得自然生态遭到严重破坏，

塞罕坝机械林场建设前（上图）与现状（下图）

成为风沙漫天、草木凋敝的茫茫荒原，风沙影响到京、津、冀等广大区域。经过几十年的植树造林和风沙治理，尤其是近 10 年来的生态修复恢复，现在塞罕坝已变为莽莽林海，改变了昔日“黄沙掩天日，飞鸟无栖树”的荒漠沙地生态，创造了让荒原变成绿洲的人间奇迹，成为拱卫首都和华北地区的水源卫士、绿色生态屏障。2017 年，塞罕坝林场的建设者们被联合国环境规划署授予“地球卫士奖”，2021 年荣获联合国防治荒漠化领域的最高荣誉——“土地生命奖”。

（四）创新开展生物多样性保护

生物多样性是生命支持系统最重要的组成部分，具有保护环境、减轻自然灾害等生态功能，在维持生态系统良性循环和维护生态平衡中具有重要作用，也是人类食物的主要来源，是人类生存及可持续发展的必不可少的基础。受人类活动的干扰、挤占和破坏，全球生物栖息地快速退化和丧失，造成大量生物数量锐减和一些生物的灭绝，生物多样性不断减少，威胁地球生态安全和人类可持续发展。根据联合国环境规划署（UNEP）2019 年发布的《生物多样性和生态系统服务全球评估报告》显示，66% 的海域正受到越来越大的累积影响，85% 的湿地已经消失。过去 50

年里，在有详细评估记录的21个国家的动植物种群中，平均约有25%的物种受到威胁，意味着大约有100万种物种已经濒临灭绝，目前全球物种灭绝速度比过去1000万年的平均速度高至少几十倍。世界经济论坛（WEF）2020年6月发布的《自然风险的上升》指出，全球76亿人口仅占地球生物总量的0.01%，但是造成了地球上83%的野生哺乳动物灭绝、50%的植物消失，全球生态安全形势十分严峻。中国具有地球陆生生态系统的所有类型，是世界上物种最丰富的国家之一，中国的生物多样性安全对于全球生态安全具有重大意义。

1. 生物安全已纳入国家安全体系

中国是最早签署和批准联合国《生物多样性公约》的缔约方之一。2020年9月30日，中国向世界发出倡议："同心协力，共建万物和谐的美丽世界！"2021年10月在中国昆明举行的《生物多样性公约》第十五次缔约方大会领导人峰会上，中国积极倡导共建地球生命共同体，提出构建人与自然和谐共生的地球家园，构建经济与环境协同共进的地球家园、构建世界各国共同发展的地球家园。

近年来，中国全方位加强了生物多样性保护，制定和颁布了《中华人民共和国生物安全法》《中华人民共和国野生动物保护法》《中华人民共和国种子法》等系列相关法律法规，成立了由国务院部门构成的中国生物多样性保护国家委员会，实施了《中国生物多样性保护战略与行动计划》(2011—2030年)、《关于进一步加强生物多样性保护的意见》等系列行动计划，生物多样性保护被上升到国家战略层面，并纳入了各领域、各地区的中长期规划。为更好开展生物多样性保护，中国持续开展了生物多样性本底调查和观测，实施濒危野生动植物抢救性保护，加强生物遗传资源保护，强化野生动植物进出口管理，防范生物安全风险。中国制定和实施了《全国重要生态系统保护和修复重大工程总体规划（2021—2035年)》，加强了自然保护地及野生动植物保护重大工程建设，建立了以国家公园为主体的自然保护地体系，发布了《中国生物多样性红色名录》，使生物多样性重点区域得到有效保护，形成了较为完整的物种保护体系。同时，中国政府还不断加大生物多样性保护监管和执法力度，积极开展管理部门、区域及国际联合执法行动，加强中央生态环境保护督察，开展“绿盾”自然保护地强化监督专项行动等，严厉打击破坏生物多样性的违法犯罪活动。

2. **保障生物栖息地安全**

生物栖息地是生物生存生活的空间，保护生物栖息地就是保护地球家园。2012年以来，中国实施了重要生态系统保护和修复重大工程，不断改善和优化生态安全屏障体系，开展了一系列的生物栖息地保护行动，形成了以国家公园为主体的各类自然保护地，切实加强了三江源、祁连山、东北虎豹栖息地、大熊猫栖息地、海南热带雨林、珠峰等自然保护地的保护管理，强化了重要自然生态系统、自然遗迹、自然景观的保护与修复，构建了重要原生生态系统整体保护网络。

与此同时，中国还积极推动国家公园、自然保护区、自然公园等自然保护地体系建设，划定了32个陆地、3个海域生物多样性保护优先区域，约占国土面积的29%；在全国建立749个以鸟类、两栖动物、哺乳动物和蝴蝶为主要观测对象的观测样区，布设样线和样点11887条（个），形成了全国生物多样性观测网络，使90%的植被类型和陆地生态系统以及85%的重点保护野生动物种群得到有效保护。

一是高度重视优化就地保护体系，构筑国家公园故事。就地保护是指在生物生存的原生态环境上进行保护，能最大程度保证生物原有特性，是生物多样性保护的重要方法措施。中国已建立以国家公园、自然保护区为基础，各类自然公园为补充的就地自然保护体系，约占陆域国土面积的18%；自2015年以来，中国先后设立三江源等10处国家公园体制试点，约占陆域国土面积的2.3%，90%的陆地生态系统类型和71%的国家重点保护野生动植物物种得到有效保护。

三江源国家公园地处青藏高原腹地，是长江、黄河、澜沧江三大江河的发源地，分布冰川雪山、高海拔湿地、荒漠戈壁、高寒草原草甸，是中国和亚洲的重要淡水供给

三江源国家公园

地。保护面积为19.07万平方千米，实现了长江、黄河、澜沧江源头整体保护，是地球第三极青藏高原高寒生态系统大尺度保护的典范。

东北虎豹国家公园跨吉林、黑龙江两省，与俄罗斯、朝鲜毗邻，分布着中国境内规模最大、唯一具有繁殖家族的野生东北虎、东北豹种群，是温带森林生态系统的典型代表，保护面积1.41万平方千米，实施了科学的全面保护、生态修复、物种保护救助、国际合作，成为跨境合作保护的典范。

二是高度重视完善生物迁地保护体系，全力保护生物物种。迁地保护是指针对有些生物的生存条件不复存在，或生存空间难以维持生物的生存繁衍及进化，有些物种极少或濒临灭绝或难以繁殖等，将这些物种迁出原地，移入动物园、植物园、水族馆和濒危动物繁殖中心进行科学保护，是保护物种的重要手段。中国着力完善生物迁地保护体系，展示了生物救护繁育的科学精神。先后建立了植物园近200个，保存植物2.3万余种；建立250处野生动物救护繁育基地以及种质资源库、基因库等，60多种珍稀濒危野生动物人工繁殖成功，建成了较为完备的迁地保护体系。

东北虎豹国家公园

3. 系统实施濒危物种拯救工程

一个物种的灭绝会破坏生物链的完整性，将连锁影响到其他物种的存在，打破生态系统平衡，导致诸多生态安全问题。濒危物种拯救有利于保存珍稀基因、保护生物多样性，对人类可持续发展具有重要意义。中国系统实施濒危物种拯救工程，演绎了精彩的生物抢救保护故事。2021年列入《国家重点保护野生动物名录》的野生动物有980种、8类，大熊猫、海南长臂猿、普氏原羚、褐马鸡、长江江豚、长江鲟、扬子鳄等为中国所特有；列入《国家重点保护野生植物名录》的野生植物有455种、40类，百山祖

中国大熊猫

冷杉、水杉、霍山石斛、云南沉香等为中国所特有。中国对部分珍稀濒危野生动物进行抢救性保护，实施大熊猫、亚洲象、海南长臂猿、东北虎等48种极度濒危野生动物及其栖息地抢救性保护。人工繁育大熊猫数量呈快速优质增长，40年间，大熊猫野外种群数量已经从1114只增加到1864只，受威胁程度等级从“濒危”降为“易危”，实现野外放归并成功融入野生种群。

4. 推动动物友好型行动

人与动物是生态系统的重要组成部分，生态平衡离不开动物，人与动物是互相依存共同依赖的关系。随着人类社会的发展，人类数量不断增多，动物数量及物种数量不断减少甚至消失，保护动物、推动动物友好型行动对于人类生存具有重要意义。中国不断加强爱护环境、保护动植物宣传教育，开展打击野生动植物违法犯罪专项行动，讲述人与自然和谐共生的美好故事。比如，青藏高原可可西里的藏羚羊每年春夏之际都要上演一场产崽大迁徙，青藏铁路从设计到修建施工过程中，以最低影响开发建设为理念，铺架铁路桥为藏羚羊等野生动物保留穿越通道，常常停工耐心等藏羚羊通行，一个又一个的关怀备至的野生动物保护故事成为世人传诵的佳话，展示了中国重大工程建设中的生物多样性保护。

青藏铁路与野生动物和谐共处

2020 年 3 月，15 头野生亚洲象离开西双版纳自然保护区一路北上，整整 17 个月的象群迁徙，跋涉 1300 千米跨越大半个云南，北渡南归，牵动着国人的心，也受到国际舆论的高度关注。云南全省共出动警力和工作人员 2.5 万人次、无人机 937 架次、布控应急车辆 15 万台次。在象群迁徙过程中，没有受到任何伤害，受到了最高级别的保护，大象全部安然无恙回归。人与象和谐的画面，温暖了全世界。

中国云南省野生亚洲象迁徙

（五）坚决打赢污染防治攻坚战

过去较长时期以来，水资源污染、土壤污染、海洋污染以及农产品污染，威胁着人民群众身心健康及可持续发展，尤其是重污染天气、黑臭水体、垃圾围城、农村环境问题等严重影响人们的生产生活。2011 年《国务院关于加强环境保护重点工作的意见》印发，把“环境风险防范”

写入国务院文件，集中解决生态环境突出问题，全力改善人居环境。生态环境质量改善优化了物种生境，恢复和提升了各类生态系统功能，有效防控了生态系统退化和生物多样性丧失风险。环境污染治理是一项艰巨又长期的任务，中国坚持污染攻坚战与持久战结合，“十四五”乃至更长时期内，落实碳达峰、碳中和的重大宣示，大力推动减污降碳协同增效，持续打好污染防治攻坚战，为人民群众提供安全健康的生态环境，为全面开启社会主义现代化建设新征程奠定生态环境基础。

1. 坚决打赢蓝天保卫战

人类生产生活排放的颗粒物（PM10）、细颗粒物（PM2. 5），以及 SO_2、CO_2 等气体物质，改变了空气组成成分，对人类健康、动植物生长造成危害，严重影响人类生产生活，即造成大气污染。中国一直以来高度重视大气污染防治，颁布了《中华人民共和国大气污染防治法》，持续实施《大气污染防治行动计划》，构建起碳达峰、碳中和“1 + N”政策体系，印发了《关于加强高耗能、高排放建设项目生态环境源头防控的指导意见》等。持续推进PM2. 5 与臭氧（O_3）协同控制，持续开展大气污染综合治理，“动态清零”“散乱污”企业，综合治理货运车辆排放超标，全面实施轻型汽车第六阶段排放标准，推进露天矿山综合整治、地面扬尘综合治理，推进产业结构、能源结构、运输结构和用地结构优化调整，切实改善了空气质量，有效维护了大气环境安全。

2021 年，中国地级及以上城市 PM2. 5 平均浓度为 30 微克/立方米，PM10 平均浓度为 54 微克/立方米，分别比 2015 年下降了 40. 0% 和 37. 9% ；城市空气优良天数比例达 87. 5% ，比 2015 年增长了 10. 8 个百分点；各地区蓝天数量明显增加，空气质量持续改善，重污染天气大幅减少。其中，北京市自 2016 年以来，聚焦 PM2. 5 污染，大力推进能源清洁化战略，淘汰老旧机动车 112. 5 万辆，推广新能源车 48. 5 万辆，万元 GDP 二氧化碳排放量仅为

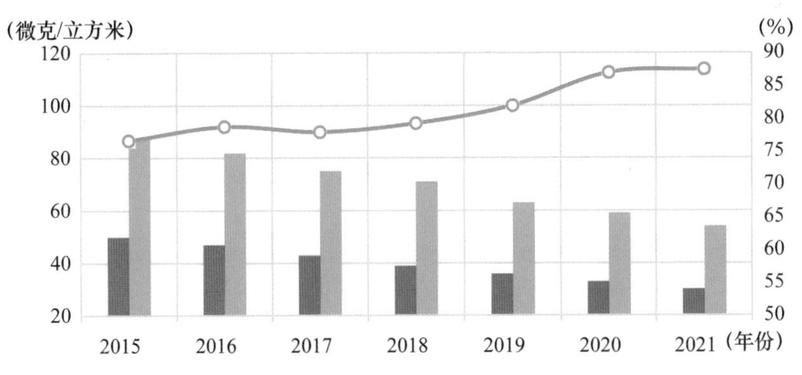

2015—2021年中国城市环境空气质量主要指标改善状况

资料来源：根据《中国生态环境状况公报》（2015—2020年）、《国务院关于2021年度环境状况和环境保护目标完成情况的报告》的数据绘制。

0.41 吨，2021 年城市空气质量优良天数比例比 2016 年上升了 24.8%，被纳入联合国环境规划署大气污染治理实践案例。

2. 着力打好碧水保卫战

工业废水、生活污水，以及农田灌溉、农药化肥施放等形成的污染物质，造成水质恶化、水生生物死亡，危害人体健康和破坏水生态系统，严重威胁人类生产生活和可持续发展。中国高度重视水污染防治，颁布了《中华人民共和国水污染防治法》，持续实施《水污染防治行动计划》。共同推进污染减排和水生态扩容，深入开展集中式饮用水水源地规范化建设，加大城市、乡村的黑臭水体消除力度，加强农村生活污水处理、村庄环境综合整治，开展主要河流排污口排查，加强重要流域、海岸及地下水生态环境保护，开展“碧海”专项执法行动，有效防治了水污染和保障水生态安全。

2021 年，中国地表水优良水体比例为 83.5%，流域水优良水体比例为 87.4%，分别比 2015 年提高 19 个百分点和 15.3 个百分点；全国地级及以上城市建成区的黑臭水体消除率达到 98.2%，一类水质海域面积占管辖海域面积的比例达到 97.7%，优良水生态占比持续上升。

以中国著名的五大淡水湖之一的太湖为例。2007 年太

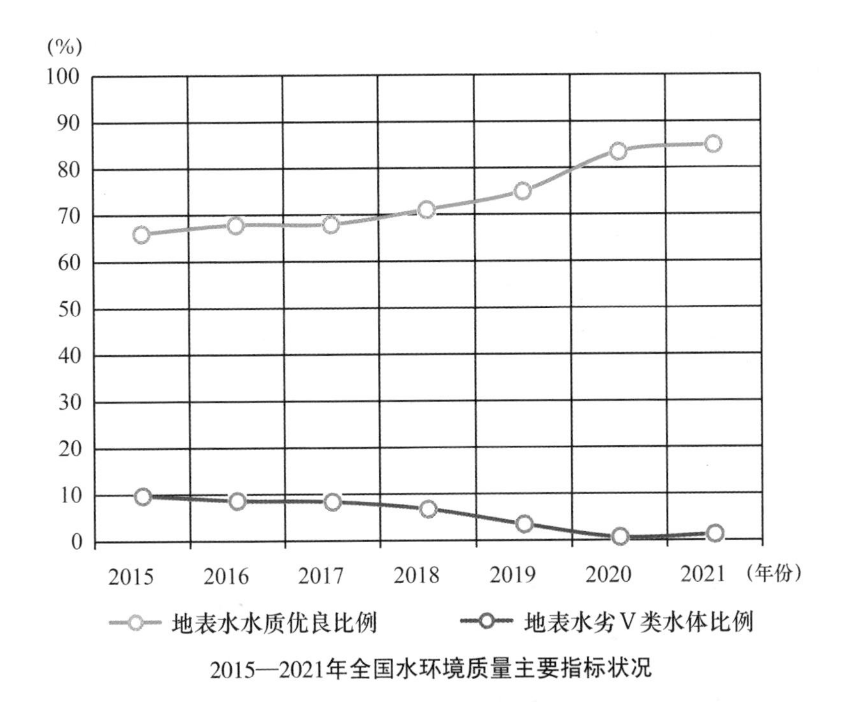

2015—2021年全国水环境质量主要指标状况

资料来源：根据《中国生态环境状况公报》（2015—2020年）、《国务院关于2021年度环境状况和环境保护目标完成情况的报告》的数据绘制。

经过生态治理后的太湖

湖暴发蓝藻危机，水体发黑发臭，引发供给危机和水生动植物死亡。经过连续 12 年的治理，从水域到岸上，城乡污水处理、工农业污染源治理、小流域综合治理和生态修复以及太湖蓝藻水华监测预警等举措，使全湖和各湖区均恢复到轻度富营养状态，实现了“确保饮用水安全，确保不发生大面积湖泛”的治理目标。太湖重现碧波荡漾、鸟语花香的优美景象。

3. 扎实推进净土保卫战

土壤污染直接或间接污染粮食、蔬菜、水果及畜牧产品等人类主要食物，引起食品安全问题，危害人体健康。中国高度重视土壤污染防治，从 2015 年起全面启动农业面源污染治理，开展化肥、农药减量行动，并于 2017 年提前三年实现农药、化肥使用量零增长目标。从 2016 年起，中国持续推进《土壤污染防治行动计划》，加强土壤污染治理与修复技术应用试点和土壤污染综合防治先行区建设，开展“无废城市”建设，加强危险废物环境风险专项排查整治行动，推进农业面源污染防治和废弃物资源化利用，保障农产品安全。截至 2020 年，中国农药、化肥使用量分别比峰值时期减少 42 万吨和 772 万吨，全国受污染耕地安全利用率达 90% 左右，污染地块安全利用率达 93% 以上，顺利完成《土壤污染防治行动计划》提出的治理目标，有力保障了粮食安全和土壤微生物安全，土壤环境风险得到基本管控，初步遏制了土壤污染趋势。

中国环境治理和生态建设的深入开展，不仅使自身的生态安全状况得到显著改善，也为维护地球生态安全做出了积极贡献。2020 年国家统计局的一项调查显示，中国公众对生态环境的满意度达 89.5%，比 2017 年提高了 10.7 个百分点，人民群众对生态环境的满意度和获得感显著增强。

五　优化国土空间格局

国土是一个国家和地区泛在的、最大的公共资源。中国辽阔的陆地和海洋组成的国土空间，构成了14亿中华儿女共同繁衍生息和永续发展的家园，也成为生态文明建设的空间载体和重要领域。新中国成立以后特别是改革开放以来，中国经济社会发展全面提速，城乡建设面貌焕然一新，国土空间发生了深刻变化。党的十八大提出“大力推进生态文明建设”，并将“优化国土空间开发格局”作为推进生态文明建设的一项重要任务。“十四五”规划和2035年远景目标纲要中又进一步明确为“优化国土空间开发保护格局”，强化了尊重自然、保护自然、合理开发利用的要求。

（一）中国优化国土空间格局进程是历史进步的必然结果

国土空间格局是一个国家或地区的人民在一定地理空间上对国土空间开展开发、利用、保护、整治活动而形成的分布格局。国土空间格局是一个空间现象，也是一个历史发展过程，是人类各项经济社会活动在地理空间上的映射，也是国家治理战略的空间体现。中国人民经过长期努力，彻底消灭了绝对贫困，在 2020 年实现了全面建成小康社会的第一个百年奋斗目标[①]，开始踏上全面建设社会主义现代化国家、向着第二个百年目标奋斗的新征程。这标志着中国进入了一个新的发展阶段，发展目标和发展任务都产生了重要变化，要求国土空间发展格局也必须做出相应的调整和优化。

1. 新中国国土空间发展历程

新中国成立 70 多年来，不同发展阶段国民经济和社会发展的重点任务，以及国土空间发展面对的重大问题的变化，都推动着国土空间发展格局和支撑体系在不断地变化。

① 党的十五大报告首次提出“两个一百年”奋斗目标，即在中国共产党成立 100 年时全面建成小康社会，在新中国成立 100 年时建设成为富强民主文明和谐的社会主义现代化国家，之后“两个一百年”奋斗目标成为中国政府和各族人民共同的奋斗目标。

总体来看，新中国成立以来，中国的国土空间发展大致经历了四个阶段。

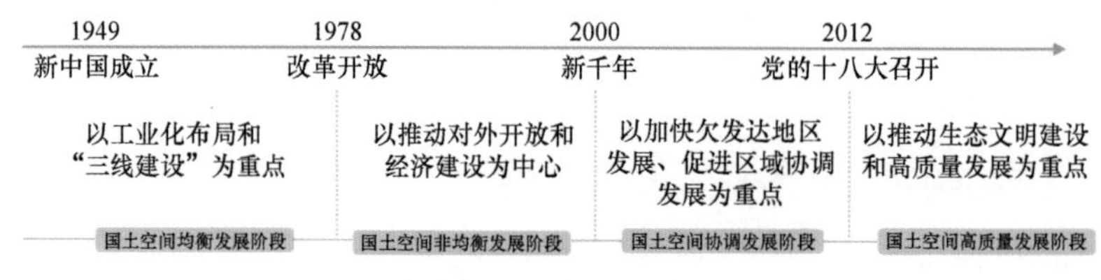

中国国土空间发展阶段

第一阶段（1949—1977 年）：以工业化布局和“三线”① 建设为重点的国土空间均衡发展阶段。新中国成立初期，中国的工业化水平极度落后，甚至连电灯泡这样的简单工业品都无法生产。当时中国社会的主要矛盾是“人民对于建立先进的工业国的要求同落后的农业国的现实之间的矛盾”，加快推进工业化、改变积贫积弱的发展现状成为这一时期国土空间开发的首要任务。为此中国要求积极开展区域规划和城市规划，合理布置工业企业和居民点，大力开辟新工业区和新工业城市，对工业、能源、交通运输、邮电通信、农业、林业、水利、居民点等进行合理布局和规划建设，同时强调城市建设要为工业、为生产和为居民

① “三线”建设是在中苏交恶、美国对中国东南沿海的威胁、国际地缘政治极不稳定的背景下，新中国开展的一次大规模工业迁移过程。“一线、二线、三线”中的“一线”是指沿海沿边的国防前沿；“三线”是指中西部内陆地区的战略大后方，包括 13 个内陆省份；“二线”是指“一线”和“二线”之间的中间地区。出于国防和发展安全考虑，自 1964 年开始，中国在中西部内陆即“三线”地区进行了大规模的投资建设。

服务。在这一阶段，中国主要实施的是计划经济，对有限的资源进行统筹安排，集中力量优先发展工业。仅在“一五”计划时期（1953—1957 年），中国就安排布局了 694 个大的建设项目，落实了 156 项重点工程[①]。而这一时期的国土空间规划主要表现为：将国民经济计划具体化，国土空间开发主要工作是对国民经济计划的空间落实。20 世纪 60 年代，由于国际环境与国际地缘政治环境急遽恶化，国防安全和发展安全成为国土格局的主要考虑因素。从 1964 年开始，中国推动“三线”建设，将部分工业由沿海沿边地区向中西部内陆地区迁移，加快推进内陆地区的工业化。这一阶段，中国国土空间发展总体上采取的是“均衡战略”，在沿海地区和内陆地区的基本投资相对均衡，这一举措在一定程度上改变了工业分布极端不均衡的发展状况，但也带来了发展效率不高、中西部部分地区资源环境压力增大等阶段性问题。

第二阶段（1978—1999 年）：以推动对外开放和经济建设为中心的国土空间非均衡发展阶段。1978 年改革开放以后，中国确立了“以经济建设为中心”的工作重心。1980—1984 年，中国先后在东部沿海地区设立了深圳、厦

---

① 新中国成立后，国家制定“一五”计划（1953—1957），安排限额以上项目 694 个，实际施工达到 921 个，其中 156 项是由苏联援建，称为“156 项重点工程”。参见中共中央党史研究室著、胡绳主编：《中国共产党的七十年》，中共党史出版社 1991 年版，第 306 页。

门等 4 个经济特区和大连、上海、青岛等 14 个对外开放城市，以东部沿海地区引领中国改革开放。同时，还鼓励一部分地区、一部分人先富裕起来，通过“先富带后富”，最终实现共同富裕。在这个经济思想指导下，中国实施了向东部沿海地区倾斜的非均衡发展战略，生产力布局和大量资源要素向东部沿海地区集中，促进了沿海地区的快速发展，使之迅速成为中国最发达的地区。与此同时，大力推进市场化改革，在城市实行住房商品化政策，在《中华人民共和国宪法修正案》增加了“土地使用权可以依照法律转让”的条文。积极推进中央与地方的分权化改革，在行政、经济方面向地方高度放权，形成了中国式的分权制度。改革开放、市场化改革和国土空间非均衡发展战略促使中国经济快速增长，也导致区域经济发展差距不断拉大，区域发展出现失衡。国土空间大规模开发在造就经济奇迹的同时，也带来了各类生态环境问题，中国开始关注空间治理问题。

第三阶段（2000—2012 年）：以加快推动欠发达地区发展为重点的区域协调发展阶段。进入 21 世纪以后，为加快推进欠发达地区发展、改善日益严重的区域发展不平衡问题，中国于 2000 年、2003 年、2004 年相继实施了西部大开发、振兴东北老工业基地、中部崛起等区域发展战略，国土空间开发由非均衡发展走向区域协调发展。这一时期，中国采取了出口导向型、地方多元经济发展模式，东中西部的区域发展差距连续十年持续缩小，但各地在发展过程中也出现了“重经济轻生态”“重城市轻农村”“重生产轻生活”、低水平重复建设等情况。各地在经济发展和城乡建设取得显著成就的同时，也给资源环境带来不同程度的破坏，存在国土空间开发布局不合理、资源利用效率不高、环境污染加剧、局部地区生态功能退化等发展过程问题，直接影响着国家与区域的可持续发展。

第四阶段（2012 年至今）：以推进生态文明建设和高质量发展为目标的国土空间格局优化阶段。2012 年党的十八大召开，生态文明建设被上升为国家战略，“优化国土空间格局”被列为生态文明建设的首要任务。在这一时期，中国经济社会发展逐步由高速发展转向高质量发展，整体谋划新时代国土空间开发保护格局。综合考虑人口分布、经济布局、国土利用和生态环境保护等因素，科学布局生产空间、生活空间、生态空间，着力解决因前期无序开发和过度开发导致的优质耕地和生态空间减少、生态环境破坏等问题，加快形成绿色的生产生活方式，努力建设美丽中国，实现中华民族的永续发展。

2. 优化国土空间格局的时代需求

当今世界正面临百年未有之大变局，中国也开启了全面建设社会主义现代化国家的新征程。国际、国内的发展环境和发展形势的重大变化，深刻影响着国土空间开发利用模式和治理模式，既对国土空间发展格局提出了新要求和挑战，也给国土空间格局优化带来了新的机遇和方向。

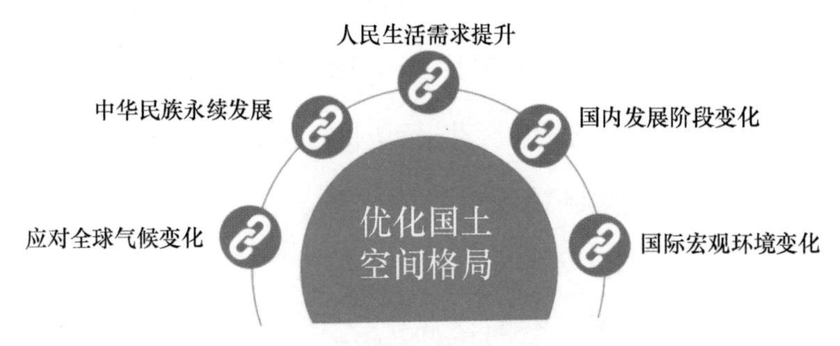

中国优化国土空间格局的时代需求

一是国际政治经济发展环境变化带来优化国土空间格局的外部动力。1978 年改革开放以来，中国长期实行出口导向型的发展战略，国土空间发展布局总体上侧重于支持对外经济大循环。但随着新冠肺炎疫情大流行、国际竞争加剧、国际贸易保护主义抬头、全球供应链调整等国际形势变化，国际地缘政治更加复杂多变，国际市场和国际发展环境的不确定性不稳定性因素增多。在此背景下，全球产业布局调整加速世界经济地理重塑，经济全球化红利在国家之间、区域之间、阶层之间的分配不均衡，都对国土空间发展提出更高的要求，要求中国必须对其原有的出口导向型发展战略和国土空间发展格局做出相应的调整优化。

二是中国社会经济发展阶段变化带来优化国土空间格局的内生动力。2020 年中国实现了全面建成小康社会的第一个百年奋斗目标，开始进入全面建设社会主义现代化国家的新发展阶段；2021 年中国城市化率达到了 64.7%，城市化开始从“加速”向“减速”转变；全国人口出生率总体呈现下降趋势，人口总量预计将在2030 年左右达到峰值；快速进入老龄化社会，人口结构发生显著变化；互联网、大数据、人工智能等新一轮科技革命蓬勃发展，对人们的生产方式和生活方式产生颠覆性影响……社会、生产、经济、科技等领域的进步带来了“时空压缩”等效应，形成了国土空间格局优化的新目标。国内发展环境和发展形势的深刻变化，要求中国国土空间发展格局做出相应调整优化。

三是人民生活需求提升带来优化国土空间格局的新方向。中国政府的执政理念是“以人民为中心”，强调“人民对美好生活的追求就是我们努力的方向”。2021 年中国人均 GDP 超过 1.25 万美元，已经超过世界人均 GDP 水平。随着经济社会的发展，人民群众对优美生态环境和优质生态产品的需求更加强烈，社会主要矛盾已经转化为人民日益增长的美好生活需要和不平衡不充分的发展之间的矛盾。人民生活水平的提高改变了“内需”发展的方向，也对国土空间格局优化提出了新的要求。国土空间优化必须全方位、系统性地提升地方品质，改善生产生活环境，创造更多物质财富和精神财富以满足人民日益增长的美好生活需要，在保护环境的基础上提供更多优质生态产品逐步成为国土空间格局优化的新方向。

四是实现中华民族永续发展带来优化国土空间格局的新目标。中国经济社会发展取得巨大成就的同时，也付出了环境污染和生态破坏的沉重代价。同时，随着全球气候变化的影响，以及地球进入地质活动高发期，自然灾害的威胁也将越来越强烈，对农业生产、城镇建设、居民生活以及生态环境都造成巨大影响。此外，全球性疫情、突发公共安全事件等安全威胁也越来越多，这些都将对国土空间开发利用产生重要影响，国土空间需要在开发利用方式、治理模式和发展格局方面做出相应的调整与应对，以保障国家和民族的安全与可持续发展。

五是参与全球气候治理带来优化国土空间发展格局的新课题。全球气候治理是对世界发展影响最深远，也是最受国际社会瞩目的议题之一。长期以来，中国一直积极参与全球气候治理，倡导各国加强合作共同应对气候变化、保护地球家园。2020 年 9 月，中国国家主席习近平在参加第 75 届联合国大会一般性辩论时宣布，中国将提高国家自主贡献力度，力争于 2030 年前实现碳达峰、2060 年前实现碳中和。为了履行这一庄严承诺，中国正着力转变以往国土空间的粗放发展模式，力图构建绿色低碳高效、人与自然和谐共生的国土空间发展新格局，与国际社会共同努力应对气候变化等重大挑战，力争为建设繁荣美丽可持续发展的新世界做出更大贡献。

（二）中国优化国土空间格局的目标方向是中国梦的实现

中国政府强调，生态文明建设是关系中华民族永续发展的千年大计，是中国特色社会主义事业的重要内容，而国土空间是生态文明建设的空间载体，优化国土空间格局是生态文明建设的重要任务。推进生产、生活、生态空间相协调，构建形成生产空间集约高效、生活空间宜居适度、生态空间山清水秀，安全和谐、富有竞争力和可持续发展的国土空间格局，就是为推进美丽中国和社会主义现代化建设提供物质基础和空间支撑，为全球生态文明建设和全球生态安全做出新贡献。

新时代中国优化国土空间格局的目标方向主要包括以下几个方面。

1. 构建“三生协调”的国土空间

中国一直强调要推动生产、生活、生态“三生空间”

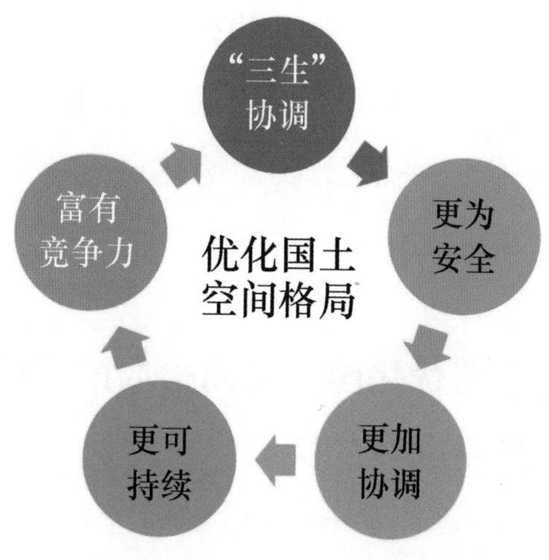

中国优化国土空间布局的目标方向

的协调发展，构建科学合理的城镇化推进格局、农业发展格局、生态安全格局。在城镇化方面，要坚持集约发展，切实提高城镇建设用地的集约化程度，严控增量，盘活存量，做优增量，优化结构，提升效率和质量，建设安全宜居的城市；在农业生产方面，要注重切实保护好耕地、园地、菜地等农业空间；在生态环境保护和建设方面，要划定生态保护红线并严格保护，"给子孙后代留下天蓝、地绿、水净的美好家园"①。

2. 建设安全的国土空间

随着经济社会发展，我们面临着越来越多的安全问题，

① 《习近平谈治国理政》（第一卷），外文出版社2014年版，第212页。

如生态安全、能源安全、粮食安全、金融安全、网络安全、信息安全等。中国强调，这些在发展中的安全问题只有在经济社会科技等方面的全面改善中才能得到解决。要统筹发展与安全，“既重视发展问题，又重视安全问题，发展是安全的基础，安全是发展的条件”“既重视自身安全，又重视共同安全”，以促进国际安全为依托，摒弃零和博弈，“推动各方朝着互利互惠、共同安全的目标相向而行”，打造“命运共同体”。而建设安全的国土空间既是维护国家安全、生态安全等的重要基础，也是优化国土空间格局的重要任务。

3. 建设和谐的国土空间

首先，要坚持人与自然和谐共生，人类的经济社会发展活动必须尊重自然、顺应自然、保护自然，要把生态环境保护放在更加突出位置，“像保护眼睛一样保护生态环境，像对待生命一样对待生态环境”。其次，要推动区域协调发展，实现基本公共服务均等化，让不同地区的人民生活水平大体相当，最终实现共同富裕。最后，要促进城乡融合发展，统筹推进城镇化和乡村振兴，加快构建以工促农、以城带乡、工农互惠、城乡一体的工农城乡关系。

4. 塑造富有竞争力的国土空间

当前，中国正在全力推进社会主义现代化建设，为此必须坚持质量第一、效益优先，持续推动经济发展质量变革、效率变革、动力变革，提高全要素生产率，不断增强经济创新力和竞争力，塑造更加富有竞争力的国土空间。

5. 形成可持续发展的国土空间

中国强调“绿水青山就是金山银山，保护环境就是保护生产力，改善环境就是发展生产力”，要求“资源开发利用既要支撑当代人过上幸福生活，也要为子孙后代留下生存根基”。为此，必须加快形成节约资源和保护环境的空间格局、产业结构、生产方式、生活方式，给自然生态留下更多休养生息的时间和空间，遵循中国传统的“天人合一、道法自然”的理念，寻求永续发展之路。

（三）中国优化国土空间格局实践创新为可持续发展奠定基础

中国立足生态文明、美丽中国和社会主义现代化建设，以构建“三生协调”、安全和谐、富有竞争力和可持续发展的国土空间格局为目标，创新生态文明国土空间治理体系，推进实施国土空间优化战略，加强基于流域的生态文明建设，着力构建高质量发展的国土空间支撑体系。

1. 创新国土空间治理体系

党的十八大以来，生态文明成为国家发展战略，也成为中国国土空间治理体系改革的基点。2012 年，党的十八大报告把“建设美丽中国”作为推进生态文明建设的目标。2015 年中国出台《生态文明体制改革总体方案》，把“完善主体功能区制度”“建立空间规划体系”作为生态文明体制改革的重要抓手。2018 年中国政府组建自然资源部，着力解决“自然资源所有者不到位、空间规划重叠等问题”“统一行使国土空间用途管制和生态修复职责”，逐步形成了以生态文明建设为基点，以主体功能区划和国土空间规划为重点，以“建设美丽中国”为目标的国土空间治理体系。

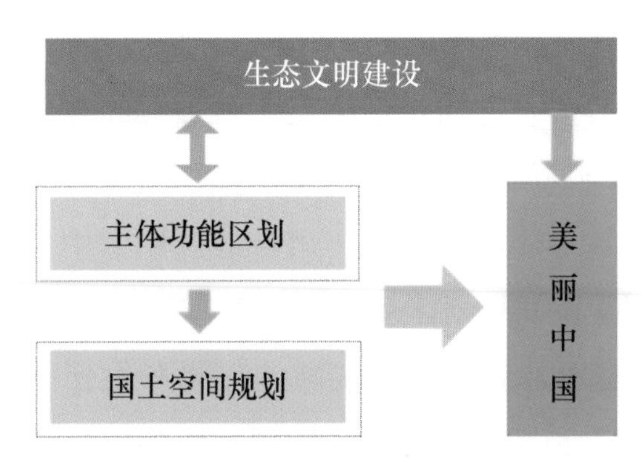

生态文明国土空间治理体系

一是建立主体功能区规划体系。2010 年国务院发布《全国主体功能区规划》，推动主体功能明确、区域优势互补、整体高质量发展的新格局建设。主体功能区规划是根据不同区域的资源环境承载能力、现有开发强度和发展潜力，统筹谋划人口分布、经济布局、国土利用和城镇化格局，确定不同区域的主体功能，并据此明确开发方向，完善开发政策，控制开发强度，规范开发秩序，逐步形成人口、经济、资源环境相协调的国土空间开发格局。中国的主体功能区规划包括“二级二类”体系，即主体功能区规划分为全国和省两个层次，并形成陆地和海洋两类。根据是否适宜或如何进行大规模高强度工业化城镇化开发，将国土空间划分为优化开发区域、重点开发区域、限制开发区域、禁止开发区域四类。根据开发的内容和区域提供产品的主体功能，将陆地国土空间划分为城市化地区、农产品生产区、重点生态功能区；将海洋国土空间划分为产业与城镇建设区、农渔业生产区、生态环境服务区。

二是创新国土空间规划体系。国土空间规划是国家空间发展的指南、可持续发展的空间蓝图，是各类开发保护建设活动的基本依据。2019 年出台的《中共中央　国务院关于建立国土空间规划体系并监督实施的若干意见》，明确“国土空间规划是对一定区域国土空间开发保护在空间和时间上作出的安排，包括总体规划、详细规划和相关专项规划”。中国的行政区等级分为国家、省、市、县和乡镇五个层级，按照规定，国家、省、市、县需要编制国土空间总体规划，各地需要结合实际编制乡镇国土空间规划。中国正式建立了“五级三类”国土空间规划体系。

三类：总体规划、专项规划、详细规划

五级：国家、省、市、县、乡镇

总体规划	专项规划	详细规划
全国国土空间规划	对全国国土空间做出全局安排，是全国国土空间保护、开发、利用的政策和总纲	侧重战略性
省级国土空间规划	对全国国土空间在省域层面的落实，指导市县国土空间规划编制	侧重协调性
市级国土空间规划 县级国土空间规划 乡镇级国土空间规划	对上级国土空间规划要求的细化落实，对本区域开发保护做出具体安排	侧重实施性

中国五级三类的国土空间规划体系

全国国土空间规划是对全国国土空间做出的全局安排，是全国国土空间保护、开发、利用、修复的政策和总纲，侧重战略性。省级国土空间规划是对全国国土空间规划的落实，指导市县国土空间规划编制，侧重协调性。市县和乡镇国土空间规划是本级政府对上级国土空间规划要求的细化落实，是对本行政区域开发保护做出的具体安排，侧重实施性。在市、县及以下编制详细规划。详细规划是对具体地块用途和开发建设强度等做出的实施性安排，是开展国土空间开发保护活动、实施国土空间用途管制、核发城乡建设项目规划许可、进行各项建设等的法定依据。

专项规划由两类组成。一是海岸带、自然保护地、流域等跨行政区或非行政区的国土空间规划，二是空间利用的某一领域的专项规划，如交通、能源、水利、生态环境保护等，专项规划对国土空间规划有重要的约束作用。

2. 完善主体功能区建设

2010 年，中国出台《全国主体功能区规划》，将中国国土空间按照开发方式划分为优化开发区域、重点开发区域、限制开发区域、禁止开发区域四类地区，按照开发内容分为城市化地区、农产品生产区和重点生态功能区。在国家层面，确定了 25 个国家重点生态功能区，涵盖 22 个省级行政区、436 个县级行政区；划定禁止开发区 1443 处，总面积达 120 万平方千米，占中国陆地国土面积的 12.5%。

表 2　**中国国家重点生态功能区和禁止开发区**

类型	具体区域
国家重点生态功能区（共 25 处）	大小兴安岭森林生态功能区、长白山森林生态功能区、阿尔泰山地森林草原生态功能区、三江源草原草甸湿地生态功能区、若尔盖草原湿地生态功能区、甘南黄河重要水源补给生态功能区、祁连山冰川与水源涵养生态功能区、南岭山地森林及生物多样性生态功能区、黄土高原丘陵沟壑水土保持生态功能区、大别山水土保持生态功能区、桂黔滇喀斯特石漠化防治生态功能区、三峡库区水土保持生态功能区、塔里木河荒漠化防治生态功能区、阿尔金草原荒漠化防治生态功能区、呼伦贝尔草原草甸生态功能区、科尔沁草原生态功能区、浑善达克沙漠化防治生态功能区、阴山北麓草原生态功能区、川滇森林及生物多样性生态功能区、秦巴生物多样性生态功能区、藏东南高原边缘森林生态功能区、藏西北羌塘高原荒漠生态功能区、三江平原湿地生态功能区、武陵山区生物多样性及水土保持生态功能区、海南岛中部山区热带雨林生态功能区

续表

类型	具体区域
国家禁止开发区（共1443处）	国家级自然保护区（319处）、世界文化自然遗产（40处）、国家级风景名胜区（208处）、国家森林公园（738处）、国家地质公园（138处）

同时，中国还根据国土空间开发强度和开发区布局构建了“两横三纵”城市化战略格局、“七区二十三带”农业战略格局、“三区四带”生态安全战略格局。

表3　**中国国土空间开发格局**

类型	总体格局	具体区域
城市化战略格局	“两横三纵”	“两横”（两条横轴）：陆桥通道、沿长江通道 “三纵”（三条纵轴）：沿海通道、京哈京广通道、包昆通道
农业战略格局	“七区二十三带”	“七区”：以东北平原、黄淮海平原、长江流域、汾渭平原、河套灌区、华南、甘肃和新疆为主体的7个农产品主产区。 “二十三带”：东北平原农产品主产区建设优质水稻、专用玉米、大豆和畜产品产业带；黄淮海平原农产品主产区建设优质专用小麦、优质棉花、专用玉米、大豆和畜产品产业带；长江流域农产品主产区建设优质水稻、优质专用小麦、优质棉花、油菜、畜产品和水产品产业带；汾渭平原农产品主产区建设优质专用小麦和专用玉米产业带；河套灌区农产品主产区建设优质专用小麦产业带；华南农产品主产区建设优质水稻、甘蔗和水产品产业带；甘肃和新疆农产品主产区建设优质专用小麦和优质棉花产业带
生态安全战略格局	“三区四带”	“三区”：青藏高原生态屏障区、黄河重点生态区、长江重点生态区； “四带”：东北森林带、北方防沙带、南方丘陵山地带、海岸带

此外，中国还积极推进海洋主体功能区建设。2015 年 8 月，中国印发《全国海洋主体功能区规划》，将海洋主体功能区按照开发内容分为产业与城镇建设、农渔业生产、生态环境服务三种功能；将海洋空间按照主体功能划分为优化开发、重点开发、限制开发和禁止开发四类区域。截至 2018 年，中国沿海省份全部编制完成海洋主体功能区规划，全国共划定海洋优化开发区域约 10.4 万平方千米，重点开发区域约 1.55 万平方千米，限制开发区域约 12.6 万平方千米，禁止开发区域约 2.5 万平方千米[①]，这标志着中国国家主体功能区战略在陆域国土空间和海域国土空间实现了全覆盖。

为落实和有效推进主体功能区规划，中国设计了“9 + 1”政策体系，“9”是财政政策、投资政策、产业政策、土地政策、农业政策、人口政策、民族政策、环境政策、应对气候变化政策。“1”是绩效评价考核政策。例如，为弥补主体功能区规划中因提供生态产品、保护生态环境而失去经济发展机会的地区，中央和地方逐步建立起与生态有关的财政转移支付制度。在国家层面，中央政府将《全国主体功能区规划》中划定的生态类限制开发区和禁止开发区涵盖的 451 个县，全部纳入财政转移支付补助范围。

① 数据来源：根据各省份海洋主体功能区规划整理而得。

2017—2021 年，国家重点生态功能区转移支付金额由 627 亿元增加到 870.65 亿元。此外，中央政府还针对草原、湿地、森林等七大生态领域建立了专项生态补偿机制，2010—2020 年累计发放各类生态补偿资金达 1.8 万亿元[①]。在地方层面，全国超过 20 个省份出台了流域生态补偿政策，十多个省份出台了省级以下重点功能区生态补偿机制。

国家重点生态功能区转移支付变化

资料来源：中华人民共和国财政部，http://www. mof. gov. cn/index. htm。

3. 实施国土空间优化战略

一是推动构建国际国内双循环相互促进的新发展格局。长期以来，中国在全球产业链中处于“世界工厂”的低端环节，附加值不够高，品牌效应不强。随着百年未有之大变局下世界经济格局的深刻调整、国际市场的持续低迷，

---

① 数据来源：中华人民共和国财政部，http：//www. mof. gov. cn/index. htm。

部分产业链、供应链与中国呈现“脱钩”趋势，中国经济发展面临新的挑战。面对复杂的疫情防控和国际经济形势，中国从人类命运共同体的高度，提出全面统筹国内、国际两个大局，充分发挥中国超大规模市场优势和内需潜力，构建国内国际双循环相互促进的新发展格局，通过构建新发展格局培育新动能、开拓新空间，推动国土空间格局不断优化。

二是培育形成优势互补高质量发展的区域经济布局。当前中国经济正在由高速增长阶段转向高质量发展阶段，区域发展形势出现如南北区域经济发展分化态势明显、发展动力极化现象突出等新变化。面对这些新形势、新变化，中国提出必须适应新形势，谋划区域协调发展的新思路：立足资源环境承载能力，发挥各地区比较优势，促进各类要素合理流动和高效集聚，按照不同主体功能区的主体功能定位划分政策单元，对重点开发地区、能源资源富集地区、生态屏障地区等制定差异化政策，分类精准施策，推动形成主体功能明显、优势互补、高质量发展的国土空间开发保护新格局。

三是积极开拓高质量发展的重要动力源。大力推进京津冀城市群、长三角城市群、粤港澳大湾区发展，提升全球资源配置能力和创新策源能力，打造引领中国高质量发展的第一梯队。以中心城市为引领，积极推动成渝双城都市圈、长江中游城市群等中西部地区发展，在有条件的地区加快推进工业化和城镇化，培育形成高质量发展的重点区域。充分培育和发挥城市群、都市圈的辐射带动作用，逐步增强其综合承载能力，形成点线面的发展网络，引领带动国家经济效率的整体提升。

2019 年，党中央、国务院在《长江三角洲区域一体化发展规划纲要》中指出，要高水平建设长三角生态绿色一体化发展示范区。长三角生态绿色一体化发展示范区的建设，打破了传统的国土资源“划区而治”的模式，以江河为纽带、以水系为血脉，在政策、规划、标准、规范等各个方面进行统筹，消除了“各管各”“三不管”等顽疾，实现了国土资源共商共议、共建共管、共享共荣的“大家管”“一起管”的新格局。2018—2021 年，原本“三不管”的元荡的氨氮、总氮等水质主要指标分别改善 49% 和 36%，全年大多数时间水质已达到四类水标准，治理成效显著。同样，京津冀城市群通过联防联治机制，区域全年空气质量优良天数均超过 260 天，2021 年 PM2. 5 平均浓度为 36. 9 微克/立方米，比 2013 年下降 62. 3%。粤港澳大湾区积极发挥科创优势，科学破解生态与经济发展的制约问题，不断提升生态环境基础水平。2022 年广东省政府工作报告显示：已建成碧道 2075 千米，近岸海域水质优良率达 90. 2%，完成造林与生态修复 192 万亩，实现矿山复绿 693 公顷。

4. 加强国土空间用途管制

一是完善国土空间开发管控制度。自 20 世纪 80 年代起，中国开始逐渐重视国土空间管制工作，但由于空间规划职能分散在发展改革、国土资源管理、城乡建设、环境保护等不同部门，空间管制也呈现多元化状态，存在国土空间管制主体过多、空间管制分区不统一、空间管制机制不协调等问题。为此，中国在 2013 年提出要划定生产、生活、生态空间开发管制界限，落实用途管制；完善自然资源监管体制，统一行使所有国土空间用途管制职责。

2017 年，中国印发《自然生态空间用途管制办法（试行)》，并选择福建、江西、贵州、河南、海南、青海六省开展省、市、县级自然生态空间用途管制试点工作，按照“山水林田湖草是一个生命共同体”的理念，协调各类空间用途管控的相关制度，将用途管制扩大到所有自然生态空间。2018 年，中国政府组建自然资源部统一行使所有国土空间用途管制职责，并通过采取“自上而下”与“自下而上”相结合的方式，积极推动国土空间用途管制制度的细化落实。青海省海北州门源回族自治县位于祁连山脉之中，局部生态环境问题相对突出。2017 年 5 月，国家批准将青海省祁连山区纳入山水林田湖草生态保护修复试点项目，改变以往治山、治水、护田等“各自为战”的局面。门源县在国土保护方面坚持以山为原，宜林则林、宜草则草，推进多种形式的生态保护与生态补偿机制建设，实现全社会参与的生态价值创新转化建设。2021 年十三届全国人大四次会议现场，习近平总书记看到的两张祁连山国家公园雪豹和荒漠猫的珍贵照片，就是门源县“山水林田湖草”共同治理的最好展示。

二是统筹划定落实三条控制线。为推进生态文明建设，加强国土空间开发管控，自 20 世纪 90 年代以来，中国陆续开展了生态保护红线、永久基本农田保护红线、城镇开发边界的划定工作，并于 2019 年将“三线”划定统一纳入国土空间规划体系中。其中，永久基本农田保护红线划定是“三线”中最早开展的。根据测算，中国要保障粮食安全需要 18 亿亩耕地。为守住 18 亿亩耕地“红线”，2008 年中国首次提出要“划定永久基本农田”；2011 年启动市、县、乡三级基本农田划定调整工作，至 2017 年，全国 2887 个有划定任务的县级行政区全部落实到具体地块，全面完成了永久基本农田保护红线划定工作。

继“18 亿亩耕地红线”后，生态保护红线也被提升为国家的“生命线”。2012 年，环保部初步拟定了《全国生态保护红线划定技术指南（初稿）》，2013 年后陆续启动了内蒙古、江西、湖北、广西等省级行政区的红线划定试点工作，至2020年年底全国生态保护红线划定工作基本完成，各级政府的工作重点转入对生态保护红线的监管。

中国对城镇开发边界的相关研究起步较晚。2014年，中国确定了北京、沈阳、上海、南京等14个试点城市开展城市开发边界试点工作。2015年开始继续推进全国600多个城市划定工作。2022年，随着全国各地市级国土空间总体规划的完成，相应的城镇开发边界划定工作陆续结束。生态保护红线、永久基本农田保护红线、城镇开发边界三条控制线划定，旨在通过严守三条控制线优化生产、生活、生态的“三生”空间，引导形成科学适度有序的国土空间格局。

河南省泌阳县是中国一个普通的县，也是第三批“国家生态文明建设示范县”。泌阳县围绕“三生协调”发展下功夫、做文章，坚持生产、生活、生态共建、共抓、共治，将全域清河、农村污水治理与畜禽养殖等工作“打包”推进，在推进经济发展的同时，取得全县饮用水水源地水质达标率100%、出境监测断面达标率100%的“双百”成绩。泌阳县公众对生态文明建设的参与度达90.7%，满意度达93.8%。从北京、上海到城市乡镇，以产城融合、产镇融合为主线的“三生协调”生态圈、产业圈建设遍地开花，建设成果不胜枚举。

5. 强化基于流域的生态文明建设

流域是人类文明的摇篮和中心，也是促进人与自然和谐共生的空间载体和基本单元。在中国960万平方千米的国土上有228条流域面积超过10000平方千米的河流、2200多条流域面积超过1000平方千米的河流、近23000条流域面积超过100平方千米的河流，多样化的流域承载着全国最广大的人口和经济，也是最重要的生物多样性宝库和生态安全屏障。

随着工业化的推进，中国水环境于20世纪80年代开始出现局部恶化，20世纪90年代进入全面恶化阶段。2000年党的十五届五中全会强调指出“水资源可持续利用是经济社会发展的战略问题”，要求加强水污染治理和水生态修复。为此，中国连续编制实施了五期重点流域水污染防治五年规划，并于2017年将规划范围覆盖到全国所有重点江河流域。中国国家主席习近平高度重视流域国土空间发展，曾多次到长江、黄河等大江大河流域视察，强调要对流域“上下游、干支流、左右岸”进行系统治理和统筹保护，并亲自推动了长江、黄河等流域的生态文明建设。

以中国最大的河流——长江为例。长江全长6380千米，横跨中国东、中、西部的19个省级行政区，是中国和亚洲的第一大河流、世界第三大河流。长江流域面积约占中国国土面积的1/5，养育了全国约1/3的人口，生产了全国1/3的粮食，创造了全国1/3的GDP。对于这样一条关系着中国经济发展命脉的河流，中国政府的要求是“坚持生态优先、绿色发展”“共抓大保护、不搞大开发”“把修复长江生态环境摆在压倒性位置”，并展开了一系列具体行动。首先，着力打好“碧水保卫战”。瞄准工业污染、生活污水污染、农村面源污染等破坏长江流域生态环境的突出问题，大力开展专项整治行动，对于技术水平低、环保设施差、达不到国家环境标准的污染型企业一律“关、停、并、转”，同时优化提升产业结构，大力发展清洁型工业和服务业，为当地群众创造更多就业机会。其次，强化全流域生态环境协同治理。陆续出台了一系列基于流域的水生态环境保护法律、规划和行动计划，要求各地区打破行政分割，加强全流域生态环境的协同治理。最后，加强山水林田湖草生命共同体建设，大力开展流域生态系统保护与修复。通过系统治理，武汉东湖、杭州西溪湿地等过去环境污染严重的地区重新焕发出美丽神采。

经过系统的生态环境治理与修复，2015—2020年，长江水质断面Ⅰ类和Ⅱ类水质的比例分别提高了4.4个和12.8个百分点，Ⅲ类、Ⅳ类、Ⅴ类、劣Ⅴ类水质的比例分别减少了10.0个、3.3个、0.8个和3.1个百分点，长江干流历史性地实现了全优水体；中国各大流域水质断面Ⅰ类和Ⅱ类水质的总体比例分别提高了5.1个和13.7个百分点，Ⅴ类和劣Ⅴ类水的比例分别减少了3.2个和8.7个百分点，

经过山水林田湖草一体化治理的武汉东湖（上图）和杭州西溪湿地（下图）

各流域水环境质量整体提升，基于流域的生态文明建设取得了显著成效，一幅“三生协调”、山清水秀、民生幸福的美丽中国画卷正在徐徐展开。

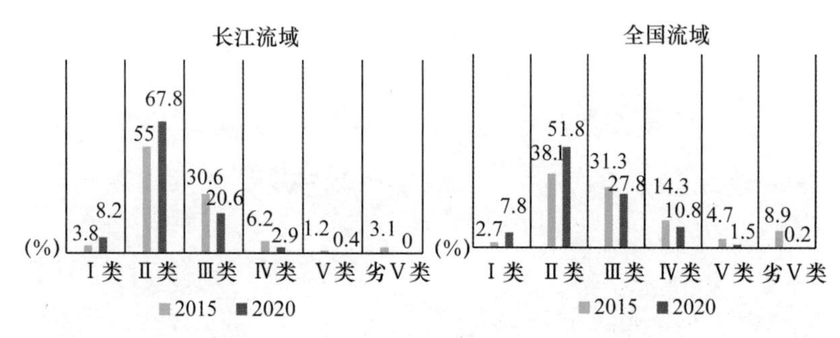

2015—2020年长江流域和全中国流域各类水质占比变化情况

资料来源：根据2015年、2020年《中国生态环境状况公报》整理。

六　共同构建人与自然生命共同体

2021 年是国际气候变化合作备受期待的一年，中美作为全球应对气候变化的两个重要大国，是推动全球气候变化合作的重要力量。2021 年 4 月 22 日，在第 52 个“世界地球日”活动中，应美国总统拜登的邀请，中国国家主席习近平在北京以视频方式出席领导人气候峰会，并以“共同构建人与自然生命共同体”为题发表讲话，以跨越种族、文化、意识、国家界限的全球生态安全视角，全面阐述人与自然和谐的治理理念，提出了坚持人与自然和谐共生、坚持绿色发展、坚持系统治理、坚持以人为本、坚持多边主义、坚持共同但有区别的责任的发展原则，在全世界面前阐述并展示了中国携手各国共同构筑人与自然和谐共生新格局的策略与路径。人与自然的关系是人类所有文明形态发展进程中必须要面对和解决的首要问题，自然无国界，推动构建人与自然生命共同体建设将是一项超越时代、地域、政治、种族的全球实践。中国勇于先行，务实行动，在推动构建人与自然生命共同体中为世界各国提供中国理念、中国智慧和中国经验。

（一）共同构建人与自然生命共同体的丰富内涵

1. 人与自然相互依存，休戚与共

自1970年4月22日首次“世界地球日”活动至今，人类面临的气候环境问题依然严峻，全球范围内的气温持续升高，环境污染、沙漠化荒漠化、水土流失、生物物种加速消失以及酸雨、暴雨、台风、飓风、海啸等极端天气频发，给人类生存发展带来严峻挑战。2020年以来，全球新冠肺炎疫情未能得到有效控制，世界各国公共卫生、公共安全首当其冲面临考验。随着疫情的持续，全球经济呈现衰退态势，战争威胁阴云不散。从一定角度来看，人类社会正处于多重危机爆发的阶段，这些危机在一定程度上均源于人与自然的关系处理不当或应对失策。

中华文明曾经经历的数千年的农耕模式及其文明繁荣，正是由于尊重自然、顺应自然、合理利用并提升自然生产力，从而在世界发展史上几度创造辉煌。中国古代虽认知水平受限，但已萌生出“天行有常”“人与天

调，而后天地之美生”等底蕴深厚的生态智慧和哲理思辨，朴实地反映了处理人与自然关系的智慧。早在公元前四百年左右，先秦时期思想著作《管子·立政》就提出：“山泽救于火，草木植成，国之富也”，这段话明确指出如果能够有效进行山川森林的防火防灾，各种植物植被能够得到保护，国家和社会就会富裕安定，稳步发展。这些理论异曲同工，从不同角度清晰地阐述了人类对生态与生物资源的利用应遵循自然规律，对资源的合理利用与保护才是人类的生存之道和国家繁荣昌盛的基础。中国历代拥有远见卓识的思想家根据生产生活实践总结出的顺应自然、尊重自然、保护自然、资源永续的生态理念，传递出的重视生态保护与社会（国家）治理之间平衡的朴素发展观，作为五千年中华文明的组成部分流传至今，并产生深远影响。古巴比伦文明、玛雅文明虽有着征服自然的辉煌，但由于违背自然规律，造成生态环境恶化，最终导致了文明的衰落乃至消亡。人类历史的文明进程告诉我们，利用自然资源发展经济必须“有节”“有度”，如果不与所依赖的生态环境相协调，人类文明对自然的征服或胜利只能是昙花一现，大自然的“报复”将“征服”征服者、断送胜利者。这样的文明难以传承，不可能实现持续的繁荣昌盛。

2. 自然是人类社会的发展之基、兴衰之源

随着人类社会的发展，自然资产的经济价值日益凸显，自然环境不仅成为人类福祉不可或缺的基本要素，生态文化产业、生态农业、生态工业、生态旅游等生态产业还能带来经济发展的环境红利，推动社会的可持续发展。中国自古就有“先王之法，不涸泽而渔，不焚林而猎”（《文子·七仁》）的说法，说明中国古人已经认识到：只要不是过度破坏自然资源，自然界在受到一定程度的破坏时，会通过自我修复实现“保值”“增值”，进而为人类发展带来更大的经济价值。中国历朝历代都颁布了不捕杀幼崽、不赶尽杀绝，不涸泽而渔、不焚烧森林以及休猎期、休渔期等明确的制度，要求百姓尊重自然界各类生物繁衍生长的规律，合理、有度地选择经济效益最高的时间段，开展生产活动，以满足人类社会自身的发展需要。自然资源不仅是国家富强的自然生产资料来源，更是人民幸福的精神家园，即使在今天，生活在现代都市的城市居民以登山、郊游等休闲方式作为旅游首选，直观地体现了人类回归自然，返璞归真的渴望。中国教育家孔子的“知命畏天”和“知者乐水，仁者乐山”的生态伦理情怀，就来源于自然带给人的精神享受和非物质化价值；鸟兽虫鱼和草木花卉自古就是中国传统艺术中的重要题材与内容之一，中国艺术作

品中的自然生命形象及其蕴含的生生不息的精神集中反映了中华传统文化对待自然和生命的态度，从各个角度体现出人与自然的和谐交融以及人对自然的尊重和喜爱。中国的文学作品中，有大量的作品用山水来寄托自己的品德、情怀和理想，自然也成为书法、哲学、文学、美学、绘画等创造的重要源泉，形成了丰富的极具精神价值的文化成果。

3. 中国是世界的中国，共担全球发展

中国的自然资源和生态环境不仅是中国获取可持续发展的重要保障，也是全球生态保障、生态改善、生态安全的重要内容。中国将自己的发展与全球的发展紧密相连，以人与自然和谐的全球发展观通过务实合作参与国际气候与环境治理。世纪之交制定的《联合国千年发展目标》，也包含着中国为世界做出的最大努力与贡献。2015 年，联合国可持续发展峰会通过的《2030 年可持续发展议程》，主题鲜明地表达出“让我们的世界转型”的迫切愿望，明确了“人本（people）、环境（planet）、繁荣（prosperity）、和谐（peace）和伙伴（partnership）”的五位（P）一体的发展理念，这其中人与自然和谐的表述成为文本中多次强调的重要主题，与中国所奉行的人与自然和谐，以及人类命运共同体的理念不谋而合。“十三五”规划提出的“创新、协调、绿色、开放、共享”新发展理念，也得到了世界各国

的广泛关注与赞赏。习近平主席在不同场合多次指出，中国要努力建设人与自然和谐共生的现代化。各级政府和全社会要聚焦山水林田湖草沙一体化治理，开展了一系列根本性、开创性、长远性工作。大到稳步推进长江经济带建设，有序开展黄河流域保护、持续深化沿黄九省区高质量发展等国家战略，具体到采取积极措施推动退耕还林还草等环境修复工程，不遗余力开展荒漠化与水土流失综合治理、增强全民环保意识等政策措施落地落实，中国在推进人与自然和谐理论探索与实践工作的各个领域承担着应有的责任，为世界各国打造样板，先行示范。经过多年不懈努力，中国的很多城市蓝天白云重新展现，绿色版图不断扩展，绿色经济加快发展，能耗物耗不断降低，浓烟重霾有效抑制，黑臭水体明显减少，城乡环境更加宜居，美丽中国建设迈出坚实步伐。根据美国航天局卫星数据，2000—2017 年，全球新增绿化面积中约 1/4 来自中国。种种客观事实全方位证明了中国在共谋全球绿色发展中的切实努力，也得到了国际社会广泛肯定及赞誉。

（二）共同构建人与自然生命共同体的探索

1. 携手世界各国，共同积极应对气候变化

气候变化已经成为全球面临的最为重大的挑战之一，

对自然系统和人类社会的可持续发展造成重大威胁。要实现人与自然生命共同体，应对气候变化需要各国勠力同心。改革开放以来，中国在经济建设方面取得了举世瞩目的成就。2003—2013 年中国的 GDP 增长了近五倍，人均收入增长了近三倍[①]，但随之而来的是能源消费总量增长了近四倍，二氧化碳排放总量增长了近一倍[②]。2006 年中国就已超过欧美国家，成为全球第一大二氧化碳排放国。此后，中国二氧化碳排放占全球的比重仍在逐年攀升。长期相对粗放的经济增长方式以及作为“世界工厂”的国际分工地位，使中国应对气候变化的形势日趋严峻，为此，中国政府采取了一系列政策与措施，为减缓和适应气候变化做出了切实努力，为全球应对气候变化做出了积极的贡献。中国以一直秉承《联合国气候变化框架公约》的原则及精神为行动指导，采取积极措施参与并力争引领全球低碳转型。2007 年 6 月，中国政府颁布了《中国应对气候变化国家方案》，明确了中国履行《联合国气候变化框架公约》及应对气候变化的具体目标、基本原则、重点领域及其政策措施。自 2005 年中国制定第十一个五年规划以来，碳排放强度都作为重要的约束性指标纳入国家经济社会发展规划中，确保了碳排放强度保持连续的下降态势。以 2005 年为基数，

① 根据历年《中国统计年鉴》计算所得。

② 根据 BP 历年 *Statistical Review of World Energy* 统计。

2018年碳排放强度下降幅度为45.8%，达到2020年碳排放强度与2005年同期相比下降40%—45%的目标，并提前3年实现了2020年碳排放强度比2005年下降40%—45%的承诺，中国基本扭转了温室气体排放快速增长的局面，基本改善了温室气体排放状态。

不仅如此，中国还积极参与全球气候治理。2017年，习近平主席在世界经济论坛年会开幕式讲话中强调《巴黎协定》符合全球发展大方向，成果来之不易，应该共同坚守，不能轻言放弃。这一讲话为推动《巴黎协定》的达成做出了历史性贡献，为共同应对气候变化注入强大动能。2020年，习近平主席在二十国集团领导人利雅得峰会“守护地球”主题边会讲话中强调“地球是我们的共同家园。我们要秉持人类命运共同体理念，携手应对气候环境领域挑战，守护好这颗蓝色星球”。2022年，习近平主席在给英国小学生的回信中就气候变化问题做出阐述，地球是个大家庭，人类是个共同体，气候变化是全人类面临的共同挑战，人类要合作应对。2020年9月，习近平主席在第75届联合国大会一般性辩论上发表重要讲话，提出“中国二氧化碳排放力争于2030年前达到峰值，努力争取2060年前实现碳中和”愿景，集中表达了中国从自身和世界共同利益、全人类共同福祉出发，以身作则地推动全球气候治理体系构建的决心。在中国明确将2060年之前实现碳中和作为发展目标之后，欧盟把气候目标从与 1990 年相比减少 55% 碳排放提高至减排 60%。日本、韩国、英国等国家也相继提出了本国 2050 年实现碳中和的目标，中国的表率在全球得到了积极的响应，起到了应有的示范和引领效果。正如联合国秘书长古特雷斯在祝贺中国共产党迎来百年华诞、新中国恢复在联合国合法席位五十周年之际所表示的“联合国高度赞赏中国坚定支持多边主义，坚定支持联合国工作，赞赏中国为应对全球气候变化宣布的国家自主贡献目标和重大举措”①。

2. 加强区域合作，共商共建绿色“一带一路”

疫情等多种因素叠加导致的贫富差距加大，经济增速下降，地缘政治日趋复杂，经济社会发展与生态环境约束之间的矛盾日趋凸显，如何平衡人类社会与自然生态之间的关系仍是世纪难题。随着中国综合国力的提升与对外合作的开展，中国在全球治理中发挥着越来越重要的角色。“一带一路”倡议正是试图解决发展与环境矛盾的新思路，体现了中国作为负责任大国对人类社会发展和全球治理做出的贡献和担当。

2018 年 8 月，中国已经同 103 个国家和国际组织签署

① 根据 BP 历年 *Statistical Review of World Energy* 统计。

了118份“一带一路”方面的合作协议，共建“一带一路”倡议和共商共建共享的核心理念已经写入联合国等重要国际机构成果文件[①]。中国在“一带一路”沿线国家加大了贸易与投资，带动了当地的就业和经济发展。中国商务部新闻发言人表示，“一带一路”建设实施以来，中国企业在沿线国家已经建设了75个境外经贸合作区，累计投资255亿美元，上缴东道国的税费将近17亿美元，为当地创造就业岗位将近22万个[②]。

不仅如此，中国一直致力于绿色发展。2017年和2019年，习近平总书记在第一届和第二届“一带一路”国际合作高峰论坛的演讲中强调“我们要践行绿色发展的新理念，倡导绿色、低碳、循环、可持续的生产生活方式”以及“把绿色作为底色，推动绿色基础设施建设、绿色投资、绿色金融”。中国在推进“一带一路”建设尤其是发展中国家建设中，重点考虑并实施公益、民生、能源等基础设施项目，充分利用中国在绿色低碳发展领域的理念、经验、技术、装备等为当地构建节能环保型整体解决方案，最大限度提升项目智慧化、绿色化、低碳化水平。在阿尔及利亚歌剧院、塞内加尔竞技摔跤场等大型援建项目中，中国承

---

① 陆娅楠：《“一带一路”，朋友多、路好走（在国新办新闻发布会上）》，http://politics. people. com. cn/n1/2018/0828/c1001-30254367. html。

② 环球时报网（财经）：《“一带一路”有望推动全球贸易增长12%：减少各国之间贸易成本》，http://finance. huanqiu. com/chanjing/2018-06/12202090. html? agt =62。

建方主动引入绿色建筑、清洁能源等技术，有效改善建筑施工所产生的能源消耗以及环境污染问题；在斯里兰卡库鲁内格勒市供水和污水处理、圣多美和普林西比道路整修和社区排水等重点市政项目中，快速高效解决积水内涝、雨污分流问题，切实改善居民生活品质。中国通过“一带一路”倡议，以基建项目推动当地水电、太阳能、风电、核电、地热等清洁能源的发展，援建古巴太阳能电站项目，已达到 9 兆瓦的装机容量，每年为当地生产生活提供 1285 万度的清洁能源电力，在促进当地经济发展的同时促进了该国的能源独立、能源安全以及相关行业的工业化发展。依托于“一带一路”倡议，通过绿色投资和绿色建设，带来了自然环境和人居环境的同步改善，也让当地民众获得了更宜居的生活环境。

3. 倡导人类命运共同体，共谋全球生态文明建设之路

中国的生态文明建设跨越了工业文明的发展阶段，超越了传统意义上的节能减排、资源节约和环境保护等范畴，倡导的是从根本上实现社会发展方式的转变，从而上升到社会的价值取向、人类文明进步的高度，以重新定义和规范人与自然、人与社会、人与人之间的关系。现阶段，中国大力推进生态文明建设，不仅包含着促进经济增长、缓解资源环境压力等阶段性目标，更涵盖了先进的理念、先

进的思想、先进的文化来指导社会发展的宏大愿景。在中国治国理政与社会发展建设中，生态文明建设与国家战略和民族永续发展始终处于同一层级和战略高度，实践生态文明、坚持绿色发展、建设美丽中国是实现中华民族伟大复兴梦的重要内容，也是中国为全球发展做出的努力与承诺。中国生态文明建设所倡导的“人类命运共同体”理念表明在全球化进程中，人类是一荣俱荣、一损俱损的命运共同体。2013 年 2 月，中国生态文明理念在联合国环境规划署第 27 次理事会上被正式写入决定案文。中国生态文明的创新理念和实践经验得到了国际社会的广泛认同，并引起了国际社会日益上升的广泛关注。从全球发展角度来看，中国通过实施生态文明建设的国家战略，全面结合经济社会发展实际与全球可持续发展理念，带动了相关理论探索和具体实践，有力地促进了全球可持续发展理念的传承、创新和发展。

（三）共同构建人与自然生命共同体的中国经验

1. 坚持人与自然和谐，建设一个生态宜居的世界

党的十八大以来，中国秉承人与自然和谐的理念，全面改善生态环境质量与品质，全社会及各行业绿色低碳转

型发展取得了历史性巨大成就。中国第三次全国国土调查显示，2009—2019 年，林地、草地、湿地、河流、湖泊等生态功能强的地类面积增加2.6亿亩。全国荒漠化和沙化土地面积持续缩减。2020 年，全国森林覆盖率提高到23.04%，森林蓄积量提高到175.6亿立方米。一些濒危物种种群数量稳中有升。全国地表水优良水体比例由2012年的61.7%提高到2021年的84.9%，2021年全国地级及以上城市空气质量优良天数比例较2015年上升6.3个百分点，2020年单位国内生产总值碳排放较2005年下降48.4%。这些数据直接表达出中国政府与全社会保护环境和绿色发展的决心，直观显示了中国建设生态宜居新世界的各项成果与实际效果。在中国大地上涌现出获得发展的同时实现生态宜居的生动案例。

四川省广元市地处秦巴山区，产业基础薄弱，生活条件艰苦。全市有苍溪县、旺苍县和朝天区三个国家级贫困县，人均 GDP 只达到全国平均值的30%左右。面对如此巨大的经济发展差距与改善人民生活的压力，广元市本可以参照其他城市工业化和城市化初期的建设模式，扶持传统产业扩张，但是广元市却“反其道而行之”，坚持生态立市、发展生态经济、打造生态文明典范。

广元市严守生态保护红线，采取积极措施首先保住广元“绿水青山”。广元市斥资8亿多元对19条城市黑臭水体进行全面治理，并实现所有县城和沿江乡镇污水处理厂全覆盖，全市 65% 的行政村农村生活污水得到有效治理，南河等多条城市黑臭水体已变成清流。广元市投入 1 亿多元取缔嘉陵江重要支流白龙江的 1.47 万个养鱼网箱，使白龙江水质达Ⅰ类、嘉陵江广元段水质为Ⅱ类。“一江清水出广元”已成为广元市的生态俗语。通过水、气、土壤综合治理，广元市主城区空气质量优良天数超过 350 天、耕地国家无公害认证率达 95.24%，全市森林覆盖率达 56.18%，在嘉陵江上游筑起一道坚实的生态屏障。

广元市白龙江

在产业与环境协同发展中，广元市充分发挥自身区位优势和资源特色优势，坚持产业服从生态、产业服务生态、产业提升生态，打造现代生态工业体系。广元市从招商引资环节开始，坚持不引进高污染、高能耗的企业，对于汶川灾后重建的项目都严格执行重建项目环评制度，对环评不达标项目或企业一律不审批、不建设。全面淘汰水泥、铁合金、焦炭、煤炭开采等重点行业落后产能，坚决抑制发展石墨烯、煤矿等矿产业，强化新材料、新能源、新医药和农副产品加工等新兴产业扶持力度。

广元市依托生态本底和绿色禀赋，坚持以现代农业发展为方向、农民增收为目标，通过特产资源的区域化和专业化发展，广元市已成为中国重要的中药材、茶叶、特色水果、油橄榄、高品质食用菌的生产基地。剑阁县被列为全国油料大县，苍溪县被列为全国雪梨和猕猴桃基地县，利州区被列为国家级反季节蔬菜基地，中药材中的川明参、柴胡、天麻产量位居全省第一、全国前列。强力推进农业规模化、标准化和产业化，使广元市成为当之无愧的中国雪梨之乡、川明参特产之乡、中国核桃建设示范基地、中国杜仲生产基地，以及中国绿色食品示范区中、西部唯一的最大的以银鱼、江团为主的绿色水产品示范基地，初步形成果、茶、蔬菜、药材、粮油、烟叶等农业主导产业高质量发展态势。

广元市依托优势资源，在生态产业方面大做文章，不断创造新的优势，提高绿色低碳循环发展水平，做大做强自己的低碳特色产业，打造医养结合、康旅融合的广元城市品牌，树立广元发展新形象，打造广元发展新平台。广元市充分发挥政府的智慧和人民的能动性，实现生态资产的最优配置，让生态产品“物有所值、物超所值”，让生态产业“一县一特”“一乡一业”“一村一品”，通过“美丽四川·宜居乡村”建设资金补助、绿色惠民、生态产品价值实现与乡村振兴融合发展等举措，让人民群众共享美丽环境与美好生活。

广元市建设经验表明，人与自然的和谐是长久发展的基础，社会发展与城市建设都必须遵循自然的规律，唯有因地制宜保护并合理利用自然资源，建立绿色低碳、可持续的生产消费方式，才能真正走向富裕、走向繁荣。

2. 坚持绿色低碳，建设一个清洁美丽的世界

世界经济的迅速发展很大程度上依赖并得益于规模化的化石能源的开发利用，但在推动经济发展的同时不仅带来气候环境问题，还给生物安全、生态平衡以及人类生存带来一定的威胁。近年来，中国大力发展新能源，推动共建清洁美丽世界。2012 年以来，中国能源绿色低碳转型与能源结构优化成绩突出。根据国家能源局统计数据，中国可再生能源实现跨越式发展，装机规模突破 10.63 亿千瓦，占全国发电总装机容量的比重达 44%。其中，水电发电装机规模分别连续 17 年稳居全球首位，风电、光伏发电、生物质发电装机规模也分别连续 12 年、7 年和 4 年稳居全球

首位，清洁能源消费占比从14.5%提升到25.5%。风电、光伏、储能、核电、特高压等领域发展迅速，为能源绿色化升级奠定了坚实的技术基础与产业基础。

青海格尔木太阳能园区是全球最大的太阳能园区，也是中国能源绿色化发展的典型。格尔木曾经“只有沙黄不见树绿”，通过实施光伏园区同时推动植树造林，格尔木累计完成造林9700多亩，以生态园区、绿化园区的高标准引领光伏园区建设，将环境优势同步转化为经济优势，打造了保护生态环境、促进经济发展、改善生活质量的“共赢”局面。格尔木新能源产业只是青海的一个缩影，从一个侧面反映了青海清洁能源发展现状。青海凭借2017年的“绿电7日”与2018年的“绿电9日”，连续两年打破全球100%清洁能源最长供电时间纪录。2019年6月9日至23日，青海所有用电均来自水、太阳能、风力等清洁能源，全省连续360小时全清洁能源供电，创造15天用电零排放的记录。根据碳达峰、碳中和的目标导向，中国西部将全面对接新能源战略规划，在生态资源匮乏地区规划建设4.5亿千瓦大型风电光伏基地，其中已经开工建设的项目为8500万千瓦，中国西部的能源结构、生态环境、经济基础条件将得到进一步的改善优化。

今后，中国将加快发展绿色清洁能源、大力发展可再生能源、推动可持续利用自然资源，结合各地生态条件和

青海格尔木储能电站

优先发展方向，在沙漠、戈壁、荒漠地区加快规划建设大型风电光伏基地项目，积极应对气候变化，全面推进生态保护事业发展。

3. 坚持交流互鉴，建设一个开放包容的世界

习近平主席在不同场合多次强调，全球治理体制变革离不开理念的引领。全球治理理念的创新发展，必须充分发掘中华文化中处世之道的积极意义与治理理念的传统精髓，形成与当今时代的共鸣点。2015 年 11 月 30 日，习近平主席在气候变化巴黎大会开幕时发表了题为《携手构建合作共赢、公平合理的气候变化治理机制》的重要讲话，明确提出“各尽所能、合作共赢”“奉行法治、公平正义”“包容互鉴、共同发展”的全球治理理念，同时倡导“和而不同”的协同发展观，允许各国寻找建立最适合本国国情的应对之策。这些理念以中华文化和智慧为基底，与广大发展中国家的愿望同频率，与全球一体化发展趋势同方向。

2015 年，习近平主席在南非参加中非合作论坛约翰内斯堡峰会期间，提出中非合作要努力加快非洲工业化和农业现代化进程，中国加速帮助非洲的工业化计划快速启动。位于杜卡姆市的埃塞俄比亚东方工业园规划面积为 5 平方千米，是中国在中非国际合作、南南合作、“一带一路”、境外经贸合作区等领域的合作典范。在埃塞俄比亚东方工业园建设过程中，中国始终保持着平等、友好、协商、共赢的态度，根据埃塞俄比亚当地的人力资源和资源禀赋等现实条件，推进工业园区的可持续建设发展。目前入园企业逾百家，累计招募 20000 多名本地员工，创造了大量的就业机会。作为工业发展计划优先项目，埃塞俄比亚东方工业园已被列为“可持续及脱贫计划”合作伙伴。近年来，中国在工业园区的建设、运营、管理领域不断导入和积累了丰富的绿色、低碳发展经验，园区建设成果切实帮助埃塞俄比亚同步改善了生态环境、经济环境与社会环境，为加速生态文明理论国际化进程提供了参考借鉴经验。中国以埃塞俄比亚东方工业园为试点和样板，不断完善技术交流、法律咨询、医疗保障、教育配套等系统性的支撑条件，提升法律、技术、人才、经济、民生等方面的全面保障与软支撑能力，为中非合作与国际合作探索出新模式、积累了新经验、打造了新样板，有效地拓展了中非交流的新渠道，形成了多边合作与多元合作的绿色发展新动能。

埃塞俄比亚东方工业园

数十年来，中国政府和企业坚持互信互助、平等协商、合作共赢的原则，同非洲各国患难与共、携手共进、共享成果，在复杂的国际形势与紧密的合作中结合成为牢固的命运共同体。2018 年，中非合作论坛北京峰会举办，中非双方一致决定构建更加紧密的中非命运共同体，共同探索新时代中非责任共担、合作共赢、幸福共享、文化共兴、安全共筑、和谐共生之路，为进一步推动构建人类命运共同体树立了典范。

在地缘政治日趋复杂与新冠疫情持续的国际新形势下，中国将更加坚定地加强与世界各国尤其是发展中国家的务实合作，携手各方积极破解环境与发展难题，同合作伙伴深化文明互鉴，深化合作伙伴关系，努力构建更高质量、更有效率、更加公平、更可持续的发展机制。中国将发挥大国担当、凝聚全球共识，协同世界各国、各方共同肩负应对全球发展挑战、塑造全球发展动力、构建包容联动的全球发展治理格局的历史使命。

后　记

生态文明是人类文明新形态，也是人类应战地球生态危机和“增长的极限”的中国方案。建设生态文明，关系人民福祉，关乎中国和世界未来。中国共产党的十八大把生态文明建设纳入中国特色社会主义事业五位一体总体布局，明确提出大力推进生态文明建设，努力建设美丽中国，实现中华民族永续发展。自党的十八大以来，党领导中国人民开展了一系列根本性、开创性、长远性工作，中国生态文明建设从认识到实践都发生了历史性、转折性、全局性变化，中国成为引领世界迈向生态文明的重要探索者和贡献者，创造了生态文明建设的中国奇迹。本书重点讲述党的十八大以来生态文明建设的中国故事，提炼生态文明建设的中国方案，总结生态文明建设的中国经验，旨在让人们更好地认识生态文明建设的中国智慧和中国方案，为建设美丽中国和绿色世界贡献一份新的力量。全书由杨开忠组建领导的《中国生态文明建设之路》团队集体创作完成。团队成员来自科研院所和高等学校，他们是中国社会科学院生态文明研究所国土空间与生态安全研究室单菁菁研究员、城市群研究室盛广耀研究员、资源与环境研究室娄伟副研究员和李萌副研究员、气候变化经济学研究室禹湘副研究员、生态发展与评价室朱守先博士，中国社会科学院习近平生态文明思想研究中心黄承梁副研究员，中国社会科学院大学应用经济学院副院长陈洪波教授和郭荣星教授，浙江大学公共管理学院石敏俊教授，中央民族大学社会学系李国庆教授，首都经济贸易大学彭文英教授，北京工业大学城市规划学院李强教授。全书框架和各章思路由团队集体讨论确定，然后分工执笔形成讨论稿，经过反复集体讨论修改后最终定稿。各章主要执笔人是：前言杨开忠、郭荣星，第一章黄承梁，第二章李萌、李国庆、朱守先，第三章石敏俊、陈洪波；第四章彭文英、单菁菁，第五章单菁菁、盛广耀、娄伟、李强，第六章禹湘，后记杨开忠。全书由杨开忠统稿，单菁菁、娄伟、禹湘、罗佳协助统稿。根据出版要求，全书试图以较小篇幅呈现和阐释中国生态文明建设的理论与实践探索，但同时受篇幅所限仍有很多未尽之处。中国社会科学院生态文明研究所组织完成并即将由中国社会科学出版社推出的《习近平生态文明思想与实践》可以弥补这方面的不足，有兴趣的读者到时可参阅。感谢中国社会科学出版社“理解中国道路”丛书的选题策划。赵剑英社长和王茵副总编辑对本书给予了支持与指导，责任编辑黄晗细致地编排并校对了书稿，娄伟协助组织了创作中大量交流讨论工作，在此一并表示感谢。

杨开忠

2022 年 7 月